电能质量基础及
案例分析

主　编　张海燕　童志博　陈熙志
副主编　刘兴华　马　伟　严　利

重庆大学出版社

内容提要

本书共分为6章。第1章介绍电能质量的基本概念、现象及相应的评价标准;第2章介绍电压质量的基本内容,包括电压偏差、电压波动及闪变、电压暂降及电压中断的相关基本知识,介绍电压偏差的调整措施;第3章介绍波形质量的知识,包括谐波波形的畸变以及供电系统的谐波源;第4章介绍频率偏差的基本概念,详细介绍电力系统频率调整的基本措施;第5章介绍如何控制电能质量问题,可以使用哪些新技术、新措施;第6章从工程现场出发,详细分析5个典型的质量问题。

本书可作为应用型本科院校以及高职高专院校电气类专业的教材,也可作为非电气行业初学者、部分电气从业人员的岗前培训教材和学习参考书。

图书在版编目(CIP)数据

电能质量基础及案例分析 / 张海燕,童志博,陈熙志主编. --重庆:重庆大学出版社,2022.3
ISBN 978-7-5689-2868-7

Ⅰ.①电… Ⅱ.①张… ②童… ③陈… Ⅲ.①电能—质量分析—高等学校—教材 Ⅳ.①TM60

中国版本图书馆 CIP 数据核字(2021)第 215240 号

电能质量基础及案例分析

主 编 张海燕 童志博 陈熙志
副主编 刘兴华 马 伟 严 利
策划编辑:范 琪
特约编辑:邓桂华
责任编辑:谭 敏 版式设计:范 琪
责任校对:夏 宇 责任印制:张 策

*

重庆大学出版社出版发行
出版人:饶帮华
社址:重庆市沙坪坝区大学城西路 21 号
邮编:401331
电话:(023) 88617190 88617185(中小学)
传真:(023) 88617186 88617166
网址:http://www.cqup.com.cn
邮箱:fxk@cqup.com.cn(营销中心)
全国新华书店经销
重庆市正前方彩色印刷有限公司印刷

*

开本:720mm×960mm 1/16 印张:8.5 字数:104 千
2022 年 3 月第 1 版 2022 年 3 月第 1 次印刷
印数:1—1 500
ISBN 978-7-5689-2868-7 定价:35.00 元

前　言

　　随着国民经济的增长,电力供应已成为现代社会赖以生存的重要支柱。电能质量历来是电力部门和用户十分关心的重要指标。传统的电能质量通常是指电压偏差、频率偏差、波形以及供电可靠性等由系统侧主要影响的参数。近十多年来,随着信息技术的发展,大量电力电子器件和民用用电设备的使用,对电能质量更加敏感,对电能质量提出了更高的要求。

　　本书在面对新时期电能质量的新变化和新要求的基础上,详细介绍了电能质量的基本概念,并配合实际电能质量案例,通过理论与实际的结合进一步分析电能质量问题产生的原因以及解决方法。全书由张海燕(重庆科技学院)、童志博(长江师范学院)负责全书统筹安排及统稿工作,刘兴华(重庆科技学院)、严利(重庆科技学院)、马伟(重庆科技学院)、魏钢(重庆科技学院)、胡刚(重庆科技学院)、石岩(重庆科技学院)、李佳鸿(重庆科技学院)、陈熙志(重庆路之生科技有限责任公司)参与本书的编写工作。

本书对电能质量的基本概念及主要指标进行详细说明,列举并细致地分析几大主要的现行电能质量国家标准文件,并对其中的各个标准及相关注意事项进行详细的解读。同时结合实际工程案例进行分析,通过理论与实际相结合的方式,让读者可以更加深入地了解电能质量的重要性,并对电能质量问题在实际生活中将会产生的危害以及相关的电能质量应当如何治理得到充分认识。

本书参考了大量的资料文献,在此对文献的作者表示感谢,同时对为本书提供现场案例的重庆路之生科技有限责任公司表示感谢。由于水平、能力和知识面所限,不妥和错误之处恳请读者批评指正。

编 者

2021 年 10 月

目　录

第 *1* 章　电能质量概述

1.1　电能质量的定义及分类

1.1.1　电能质量术语

在现代电力系统中,电能质量这一技术名词涵盖着多种电磁干扰现象。由于工业领域的各个行业对电能质量认识上的不同和使用名词上的不统一,长期以来人们在描述各种电压和电流干扰电力供应及电气设备正常工作的电磁现象时,所提出的专业名词的含义很不准确,使用很不规范,严重影响了电能质量工作的开展。

"电能质量"这一用词长久以来使用比较混乱,在英文用词方面有人使用"Electric Power Systems Quality",直译为电力系统质量,有人使用"Quality of Power Supply(供电质量)"等,对其含义也各有解释。直到 1968 年,一篇关于美国海军电子设备用电源规范要求的研究论文最先使用了"Power Quality(电能质量)"这一专业术语。与此同时,苏联等国家开始使用"Voltage Quality(电压质量)",用来反映电压幅值的缓慢变动和电源实际频率与理想频率的偏差。此后,越来越多的研究者表现出对电能质量或电压质量的关心,电气工程界在关于电能质量问题应采用规范的技术名词上逐渐趋于一致。

电气和电子工程师协会(IEEE)标准化协调委员会已正式通过采用"Power Quality(电能质量)"术语的决定。我国国家标准也正式采用国际通用的英文名词。由此可知,采用统一的专用名词精练地描述诸多电能质量现象和问题,科学和准确地给出电能质量专业名词的定义和解释是十分必要的。随着人们对电能质量现象认识的不断提高和科学技术的广泛交流,电能质量领域的技术术语正在不断充实和完善。

1.1.2　电能质量的定义

什么是电能质量?从普遍意义讲,电能质量是指通过公用电网供给用户端的交流电能的品质。由于人们看问题的角度不同,迄今为止,对电能质量的技术含义仍存在着不同的认识,还不能给出一个准确统一的定义。理想状态的公用电网应以恒定的频率、正弦波形和标准电压对用户供电。同时,在三相交流系统中,各相电压和电流的幅值应大小相等、相位对称且互差120°。但由于系统中的发电机、变压器和线路等设备非线性或不对称,负荷性质多变,加之调控手段不完善及运行操作、外来干扰和各种故障等,这种理想的状态并不存在,因此产生了电网运行、电力设备和供用电环节中的各种问题。另外,如何描述供电与用电(电力系统与负荷)双方的相互作用和影响,并且给出相应的技术定义仍是人们不断探索的问题。一种普遍接受和采用的技术名词和定义方法是从工程实用角度出发,将电能质量概念进一步具体分解并给出解释。其内容如下:

(1) 电压质量

给出实际电压与理想电压之间的偏差,以反映供电部门向用户分配的电力是否合格。电压质量通常包括电压偏差、电压频率偏差、电压不平衡、电压瞬变现象、电压波动与闪变、电压暂降(暂升)与中断、电压谐波、电压陷波、欠电压、过电压等。

(2) 电流质量

电流质量与电压质量密切相关。为了提高电能的传输效率,除了要求用户汲取的电流是单一频率正弦波形外,还应尽量保持该电流波形与供电电压同相位。电流质量通常包括电流谐波、间谐波或次谐波、电流相位超前与滞后、噪声等。

(3) 供电质量

供电质量包括技术含义和非技术含义两部分。技术含义包括电压质量和供电可靠性;非技术含义是指服务质量,包括供电部门对用户投诉与抱怨的反应速度和电力价格的透明度等。

（4）用电质量

用电质量包括电流质量和非技术含义等，如用户是否按时、如数缴纳电费等。

上述关于电能质量的定义与解释反映了供用电双方的相互作用和影响以及责任和义务。虽然其含义很工程化，但对理解和认识电能质量有实用价值。

根据大多数专家对电能质量的定义，电能质量可以归纳为：导致用电设备故障或不能正常工作的电压、电流或频率的偏差，其内容包括频率偏差、电压偏差、电压波动与闪变、三相不平衡、暂时或瞬态过电压、波形畸变、电压暂降（暂升）与中断以及供电连续性等。

4

1.1.3　电能质量的分类

为了系统地分析和研究电能质量现象，并能够对其测量结果进行分选识别，从中找出引起电能质量问题的原因和采取针对性的解决办法，将电能质量进行分类和给出相应的定义非常重要。

（1）IEC（国际电工委员会）的分类定义

近几年国际上在电能质量现象分类和特性描述等方面取得了一定的研究成果。其中，在国际电工界有影响的 IEC 以电磁现象及相互干扰的途径和频率特性为基础，引出了广义的电磁扰动的基本现象分类，见表1.1。

表 1.1　IEC 关于电磁扰动的基本现象分类

现象	分类	现象	分类
传导型低频现象	谐波,间谐波	辐射型低频现象	工频电磁场
	信号系统(电力线载波)		
	电压波动	辐射型高频现象	磁场
	电压暂降(暂升)与中断		电场
	电压不平衡		电磁场
	工频变化		连续波
	感应低频电压		瞬变
	交流电网中的直流成分	静电放电现象(ESD)	
传导型高频现象	感应连续波电压或电流	核电磁脉冲(NEMP)	
	单方向瞬变		
	振荡性瞬变		

5

(2) IEEE 的分类定义

表 1.2 给出了 IEEE 制订的电力系统电磁现象的特性参数及分类。对表中列出的各种现象,可进一步用其属性和特征加以描述。对稳态现象,可利用幅值、频率、频谱、调制、电源阻抗、下降深度、下降面积等特征来描述;对非稳态现象,可能需要上升率、幅值、相位移、持续时间、频谱、频率、发生率、能量强度、电源阻抗等特征来描述。表 1.2 提供了一个清晰描述电能质量及电磁干扰现象的实用工具。

表 1.2　IEEE 制订的电力系统电磁现象的特性参数及分类

类别			典型频谱	典型持续时间	典型电压幅值
瞬变现象	冲击	纳秒级	5 ns 上升	< 50 ns	
		微秒级	1 μs 上升	50 ns ~ 1 ms	
		毫秒级	0.1 ms 上升	> 1 ms	
	振荡	低频	<5 kHz	0.3~50 ms	0~4 p.u.
		中频	5~500 kHz	20 μs	0~8 p.u.
		高频	0.5~5 MHz	5 μs	0~4 p.u.
短时间电压变动	瞬时	暂降		0.5~30 周波	0.1~0.9 p.u.
		暂升		0.5~30 周波	1.1~1.8 p.u.
	暂时	中断		0.5 周波~3 s	< 0.1 p.u.
		暂降		30 周波~3 s	0.1~0.9 p.u.
		暂升		30 周波~3 s	1.1~1.4 p.u.
	短时	中断		3 s~1 min	< 0.1 p.u.
		暂降		3 s~1 min	0.1~0.9 p.u.
		暂升		3 s~1 min	1.1~1.2 p.u.
长时间电压变动	持续中断			> 1 min	0.0 p.u.
	欠电压			>1 min	0.8~0.9 p.u.
	过电压			>1 min	1.1~1.2 p.u.
电压不平衡				稳态	0.5%~2%
波形畸变	直流偏置			稳态	0~0.1%
	谐波		0~100 Hz	稳态	0~20%
	间谐波		0~6 kHz	稳态	0~2%
	陷波			稳态	
	噪声		宽带	稳态	0~1%
电压波动			< 25 Hz	间歇	0.1%~7%
工频变化				<10 s	

1.2　电能质量现象描述

1.2.1　瞬变现象

瞬变现象会发生在电力系统运行中,它表示一种在运行中并不希望而事实上又瞬时出现的事件。由于 RLC 电路的存在,在大多数电力工程技术人员的概念里瞬变现象自然是指阻尼振荡现象。广义地讲,瞬变现象可以分为冲击性瞬变现象和振荡瞬变现象两大类。

(1)冲击性瞬变现象

冲击性瞬变现象是一种在稳态条件下,电压、电流非工频的、单极性的突然变化现象,其极性是单方向的。冲击性瞬变含有高频成分,它的波形会因电路元件特性影响而快速衰减,并且由于系统的观测点不同而呈现明显不同的特性。冲击性瞬变可能在电力网的自然频率点产生激励而出现振荡瞬变现象。

(2)振荡瞬变现象

振荡瞬变现象是一种在稳态条件下,电压、电流或它们同时的非工频有正负极性的突然变化现象。在振荡瞬变现象中,主频率高于 500 kHz,以数微秒来度量其持续时间的,称为高频振荡瞬变,它往往

7

是由事发当地系统对冲击瞬变响应造成的;主频率为 5～500 kHz,以数十微秒来量度其持续时间的,称为中频振荡瞬变,电容器投切、充电或电缆投切都会导致中频振荡瞬变;主频率低于 300 Hz 的振荡瞬变现象在配电系统中时有发生,通常由铁磁谐振和变压器充电引起。

1.2.2　短时间电压变动

短时间电压变动的类型包括电压中断、电压暂降(也称为骤降或凹陷)和电压暂升等现象。若按持续时间长短来划分,还可将其分成瞬时、暂时和短时 3 种类型。这一细化分类的结果更多的是出于电能质量监测中对电压干扰分类统计的需要。

造成短时间电压变动的主要原因是系统故障、大容量(大电流)负荷启动或与电网松散连接的间歇性负荷运作。根据所在系统条件和故障位置的不同,可能引起暂时过电压或电压跌落,甚至使电压完全损失。无论故障发生在远离故障点或者靠近故障点,在保护装置动作清除故障之前,都会对电压产生短时冲击影响,造成短时间电压变动。以下对典型的短时间电压变动现象作介绍。

(1)电压中断

当供电电压降低到 0.1 p.u.以下,且持续时间不超过 1 min 时,出现电压中断现象。造成电压中断的原因可能是系统故障、用电设备故障或控制失灵等。

电压中断往往是以其幅值总是低于额定值百分数的持续时间来量度的。一般来讲,由系统故障造成中断的持续时间是由保护装置的动作时间决定的。通常对非永久性故障,瞬时重合闸会使电压中断时间限定在工频下的 30 周波以内。带有延时的重合闸可能导致暂时的或短时的电压中断。由设备故障等造成的电压中断持续时间一般是无规律的。

(2) 电压暂降

电压暂降是指由于系统故障或干扰造成用户持续时间 0.5 周波至 1 min 的短时间内下降到额定电压或电流的 10%～90%,即幅值为 0.1～0.9 p.u.(标幺值)时系统频率仍为标称值,然后又恢复到正常水平。

电压暂降可能造成某些用户的生产停顿或次品率增加,而供电恢复时间取决于自动重合闸或自动功能转换装置的动作时间。传统的机械式断路器已不能满足对敏感和严格用电负荷的需求,目前主要采取的方案是利用高速固态切换开关、动态电压恢复器或利用不间断电源做后备电源并配合固态电子开关等措施。

(3) 电压暂升

电压暂升是指在工频条件下,电压均方根值上升到 1.1～1.8 p.u.,持续时间为 0.5 周波到 1 min 的电压变动现象。与电压暂降的起因一样,电压暂升现象与系统故障相互联系。

例如,当单相对地发生故障时,非故障相的电压可能会短时上升。但电压暂升不像电压暂降那样常见。可以利用电压暂升的幅度和持续时间来表征这一现象。当电压暂升是在故障情况下出现时,电压上升的强度将随故障发生点、系统阻抗和接地状况而变化。在不接地系统,零序阻抗为无穷大,当发生单相对地故障时,非接地相对地电压将达到 1.73 p.u.。反之,在靠近接地系统变电所周围,由于给故障相电流提供了一个低阻抗零序通道,则非故障相的电压上升幅度很小,甚至没有变化。由于分类方法不同,在许多资料中使用"瞬态过电压"作为"电压暂升"的同义词。

1.2.3 长时间电压变动

长时间电压变动是指在工频条件下电压均方根值偏离额定值,并且持续时间超过 1 min 的电压变动现象。美国国家标准关于电力系统期望的稳态电压限值的描述是:当工频条件下电压均方根值超过限值且持续 1 min 以上,则认为是长时间电压变动。

长时间电压变动可能是过电压也可能是欠电压,还可能是电压持续中断。通常,过电压或欠电压并非是系统故障造成的,而是由负荷变动或系统的开关操作引起的。一般取电压均方根值对时间的变化曲线作为长时间电压变动的典型波形。此外,不归类于短时间电压中断的其他任何电压中断现象划分在长时间电压变动范围。

(1) 过电压

过电压是指工频下交流电压均方根值升高,超过额定值的 10%,并且持续时间大于 1 min 的电压变动现象。过电压的出现通常是负荷投切的结果(如切断某一大容量负荷或向电容器组增能时)。由于系统的电压调节能力比较弱,或者难以进行电压控制,因此系统的正常运行操作可能造成过电压问题。变压器分接头的不正确调整也可能导致系统过电压。

（2）欠电压

欠电压是指工频下交流电压均方根值降低,小于额定值的 90%,并且持续时间大于 1 min 的电压变动现象。引起欠电压的事件与过电压正好相反。某一负荷的投入或某一电容器组的断开都可能引起欠电压,直到系统电压调节装置把电压拉回到容限范围之内。过负荷时也会出现欠电压现象。

在电力系统中还有一种特殊的运行方式,称为节电降压（Brownout）。它是指由电力部门进行的为减小电力需求而采取的特有的迅速调度策略,由此也会造成持续欠电压。但是它不像研究电能质量现象所说的欠电压那样概念清楚,至今没有规范定义。

11

（3）电压持续中断

电压持续中断是指供电电压迅速下降为 0,并且持续时间超过 1 min。这种长时间电压中断往往是永久性的。当系统事故发生后,需要人工应急处理以恢复正常供电,通常需数分钟或数小时。它不同于预知的电气设备计划检修或更换而停电的情况。持续中断是一种特有的电力系统现象。有分析认为,如果是由电气设备计划检修或线路更改等造成的预知计划停电,或由工程设计不当或电力供应不足造成的不得已停电,则不属于电能质量问题,应当归为传统供电可靠性范畴或工程质量问题。

1.2.4 三相电压不平衡

三相电压不平衡是指三相系统中三相电压的不平衡程度,可利用对称分量法来定义,即用负序或零序分量与正序分量的百分比加以衡量。电压不平衡(小于2%)主要是负荷不平衡(如单相运行)所致,或者是三相电容器组的某一相熔断器熔断造成的。电压严重不平衡(大于5%)很有可能是由单相负荷过重引起的。三相不平衡现象可分为幅值不平衡与相位不平衡。幅值不平衡是三相负载大小不同导致三相之间输出电流的差异较大,从而引起三相之间产生了负序电流。相位不平衡则是三相负载间阻抗角的差异,导致三相之间相位相差不是120°,与120°相差较大。

三相电压不平衡(即存在负序分量)会引起继电保护误动、电机附加振动力矩和发热。额定转矩的电动机,如长期在负序电压含量4%的状态下运行,由于发热,电动机绝缘的寿命会降低一半,若某相电压高于额定电压,其运行寿命的下降会更加严重。

1.2.5 波形畸变

波形畸变是指电压或电流波形偏离稳态工频正弦波形的现象,可以用偏移频谱描述其特征。波形畸变有5种主要类型,即直流偏置、谐波、间谐波、陷波和噪声。

（1）直流偏置

在交流系统中出现直流电压或电流称为直流偏置。这可能是由地磁干扰或半波整流产生的。例如，为延长灯管的寿命而在照明系统中采用的半波整流器电流，会使交流变压器偏磁，发生磁饱和，引起变压器铁芯附加发热，缩短使用寿命。直流分量还会引起接地极和其他电气连接设备的电解腐蚀。

（2）谐波

把含有供电系统设计运行频率（简称工频，通常为 50 Hz 或 60 Hz）整数倍频率的电压或电流定义为谐波。可以把畸变波形分解成基频分量与谐波分量的总和。电力系统中的非线性负荷是造成波形畸变的源头。

波形畸变水平的描述方法，通常用具有各次谐波分量幅值和相位角的频谱表示。此外，在实际应用中常用单项数据来表示，即用总谐波畸变率（THD）作为量度标准。例如，当变速驱动装置轻负荷运行时，其输入电流的 THD 很大，但实际上，谐波电流的幅度很小，对此情况可不必过于担心。

为了处理好用同一方式表征谐波电流的问题，IEEE 519—2014《电源系统谐波控制的推荐实施规范和要求》给出了另一术语定义，即总需量畸变率（TDD）。与 THD 略有不同的是，它采用谐波电流与额定电流之比，而不是与基频电流之比。该标准为供电系统检验电压和电流波形畸变提供了指南和准则。

(3) 间谐波

把含有供电系统设计运行频率非整数倍频率的电压或电流定义为间谐波。其表现为离散频谱或宽带频谱。在各种电压等级供电网中都可能出现间谐波。间谐波源主要有静止频率变换器、循环换流器、感应电机和电弧设备等。电力线载波信号也可视为间谐波。

目前人们对间谐波及其影响还认识不清,本书不展开讨论。间谐波对电力载波信号有影响,对显示设备如 CRT 等有感应视觉闪变干扰。

(4) 陷波

陷波是指电力电子装置在正常工作情况下,交流输入电流从一相切换到另一相时产生的周期性电压扰动。

由于陷波连续出现,可以通过受影响电压的波形频谱来表征。陷波的相关频率相当高,很难用谐波分析中习惯采用的测量手段来反映它的特征量,通常把它作为特殊问题处理。例如,一种评价指标规定,出现的陷波以其下陷深度和宽度来衡量。缺口平均深度不能超出 $0.2U_m$,缺口处出现振荡时,振荡幅值最大不超过 $\pm 0.2\ U_m$。当电流换相时造成电压陷波,其原因是此时发生了短时的两相短路,使电压瞬时跌落而出现缺口,并可能趋于 0 值,且随系统等值阻抗不同而变化。

（5）噪声

噪声是指带有低于 200 kHz 宽带频谱,混叠在电力系统的相线、中性线或信号线中的有害干扰信号。

电力系统中的电力电子装置、控制器、电弧设备、整流负荷以及供电电源投切等都可能产生噪声。由于接地线配置不当,未能把噪声传导至远离电力系统,常常会加重对系统的噪声干扰和影响。噪声可能对电子设备如微机、可编程控制器等的正常安全工作造成危害。采用滤波器、隔离变压器和电力线调节器等措施能够减小噪声的影响。

1.2.6　电压波动

电压波动是指电压包络线有规则的变化或一系列随机电压变动。通常,其幅值并未超过 ANSI C84.1—2011《美国电力系统与设备电压等级（60 Hz）》规定的 0.9~1.1 p.u.范围。IEC 1000-3-3—1994《低压供电系统电压波形和闪变限值（额定电流 16 A 的设备）》则定义了多种类型的电压波动。

负荷电流的大小呈现快速变化时,可能引起电压的变动,常简称为闪变。闪变术语来自电压波动对照明的视觉影响。从严格的技术角度讲,电压波动是一种电磁现象,而闪变是电压波动对某些用电负荷造成的有害结果。本书将使用电压闪变术语来说明电压波动问题。

1.2.7　工频变化

把电力系统基波频率偏离规定正常值的现象定义为工频变化。工频频率的值与向系统供应电能的发电机的转子速度直接相关。当负荷与发电机间出现动态平衡变化时,系统频率就有小的变动。频率偏差及其持续时间取决于负荷特性和发电控制系统对负荷变化的响应时间。输配电系统的大面积故障,如大面积甩负荷、大容量发电设备脱机等,可能使正常稳态运行的系统出现频率偏差超出允许的极限范围。

现代互联电力系统极少出现频率大的波动。对于没有入网的发供电小系统来说,由于其很难做到发电机对负荷急剧变化的快速反应,所以频率波动现象很可能发生在这种系统里。

有时人们会把陷波和频率偏差弄错。这是因为陷波可能造成瞬时电压接近于 0,由此引起依靠检测电压过零点获得频率或时间的仪器和控制系统的错误判断。

以上电能质量现象如图 1.1 所示。

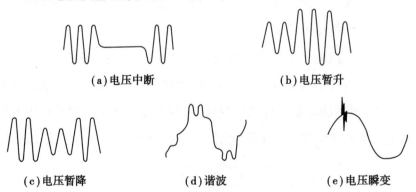

(a)电压中断　　　　(b)电压暂升

(c)电压暂降　　　(d)谐波　　　(e)电压瞬变

图 1.1　典型电能质量现象波形图

1.3　电能质量标准浅读

　　电能质量标准是保证电网安全经济运行、保护电气环境、保障电力用户正常使用电能的基本技术规范,是实施电能质量监督管理,推广电能质量控制技术,维护供用电双方合法权益的法律依据。从 20 世纪六七十年代开始,世界各国绝大多数制订了有关供电频率和电压允许变动的计划指标,部分国家还制订了限制谐波电压和电流畸变、电压波动等推荐导则。近十几年来,许多工业发达国家已经制订和颁布实施了更加完备的电能质量系列标准。随着工业经济国际化的发展,世界各国制订的电力系统电能质量标准正在与国际权威专业委员会推荐的标准及相应的试验条件等一系列规定接轨,逐步实现标准的完整与统一。

　　1988 年,我国为加强电力系统电能质量管理工作,曾颁布执行了《电网电能质量技术监督管理规定》,提出了"谁干扰,谁污染,谁治理"的原则,并指出为保证电力系统安全、稳定、经济、优质运行,全面保障电能质量是电力企业和用户共同的责任和义务。迄今为止,我国已经制订并颁布的电能质量国家标准有:GB/T 12325—2008《电能质量　供电电压偏差》、CB/T 14549—1993《电能质量　公用电网谐波》、GB/T 15543—2008《电能质量　三相电压不平衡》、GB/T 15945—2008《电能质量　电力系统频率偏差》、GB/T 12326—2008《电能质量　电压波动和闪变》和 GB/T 18481—2001《电能质量　暂时过电压和瞬态过电压》,GB/T 24337—2009《电能质量　公用电网间谐波》等。以下分别介绍普遍意义下的电能质量标准化工作和我国电能质量国家标准的部分内容摘要。

1.3.1　电能质量标准化

为了保证电网安全、经济运行的秩序和为用户连续、可靠地供应电能,保障输配电设备、用电设备与装置的正常使用,必须以科学技术和运行经验的综合成果为基础,按照标准化的原则对电产品制订并发布统一的和适度的基本指标规定,以及统一的质量检验方法和实施指导。这一工作称为电能质量标准化。开展电能质量标准化的工作概括起来主要有以下 4 个方面的内容:

(1)规定标称环境

生产和运行的实际状况在不断变化,供电频率和电压不可避免地会偏离理想标称值。在规定电能质量指标时须考虑一定时期和可能的环境条件,应当在给定的标称值下允许有一定的变化范围。例如,理想的供电系统应以恒定的工业频率(我国标称频率为 50 Hz)和某一规定电压水平(如标称电压 220 V)向用户供应电能。实际上在给出标称频率和电压的同时,还应给出允许的偏差范围,如标称频率 50 Hz,允许频率偏差值为±0.2 Hz,电压允许的典型偏差范围为90%~110%。

(2)定义技术名词

在制订电能质量标准时给出电能质量现象的准确定义和描述,尽可能地统一专用术语是十分必要的。只有这样,当电力供应方、电力使用方和设备制造方之间进行技术与信息交流时才会有通用的规范"语言",而在相互的技术要求上有了多方兼顾的统一规范标准,在电能质量的测量与评估结果上才会有可比性。例如,对暂时中断的定义是指电压均方根值小于 10% 的标称电压,且持续时间小于 3 s 的现象,这在实际应用时就有章可循了。

(3) 量化电能质量指标

量化是制订电能质量标准工作的核心内容,涉及对电能质量问题发生原因和干扰传播机理的认识,是对用电设备承受干扰能力的分析和测试条件,以及对抑制扰动和质量达标等方面的技术保证。在制订电能质量技术指标时要注意,不是质量标准制订得越高越好,其指标量化要将电力系统整体的安全、经济和用电的基本保证联系起来,进行综合优化协调,制订出适度的和可能达到的技术指标。从上述的电能质量特殊性质已经知道,电能质量标准的量化不同于一般工业产品的质量问题,应当根据其特点作出规定。作出规定时可考虑以下 3 个方面:

①保证电能质量并非供电部门单方面的责任。实际上,某些电能质量指标的下降是由电力消费者的电磁干扰造成的。全面的电能质量管理是由供用电双方共同保证的。在制订电能质量标准时,除了给出保证供电电压质量的扰动限制值外,还要给出用户设备注入电力系统的电磁扰动的允许值。

②不同的供用电点和不同的供用电时间,电能质量指标往往是不同的。由于电能质量在时间和空间上均处于动态变化之中,因此在考核电能质量指标时往往采用概率统计结果来衡量。典型的例子是取 95% 概率值作为衡量依据。

③量化的电能质量标准应兼顾电力供应方和用户两方面的技术经济效益,强调电磁兼容性。

（4）推荐统一的测量与评估方法

在制订电能质量计划指标的同时,还要制订统计指标,对电能质量的测量方法与仪器以及质量的评估方法给出一定的要求和规定。采取统一的测量与评估方法的目的在于统一技术规范,使得实际检测到的电能质量数据真实可信,电能质量的考核与检验规范化,以便做到各仪器制造厂家生产的电能质量测量仪器评估方法科学合理,测量结果具有可比性,测试功能具有灵活可操作性。

随着科技水平的提高和工业生产的发展,供电、用电和设备制造三方对电能质量的认识和要求在不断深化,制订出共同遵守的、综合优化的适度指标,并根据不同生产过程和用户的不同质量要求,给出不同等级的质量标准仍是一项长期的和不断探索的研究工作。

1.3.2 电能质量国家标准

从 20 世纪 80 年代初到 2001 年,国家技术监督局(现更名为国家质量监督检验检疫总局)先后组织制订并颁布了 7 项电能质量国家标准。这 7 项电能质量国家标准的摘要见表 1.3。

表 1.3　7 项电能质量国家标准摘要

标准编号	标准名称	允许限值	说明
GB/T 12325—2008	电能质量供电电压偏差	①35 kV 及以上为正负偏差绝对值之和不超过标称电压的 10%；②20 kV 及以下三相供电为标称电压的±7%；③220 V 单相供电为+7%,−10%	衡量点为供电产权分界处或电能计量

标准编号	标准名称	允许限值	说明
GB/T 12326 —2008	电能质量电压波动和闪变	电压变动 d 的限值和变动频度 r 有关:当 $r \leq 1\,000/h$ 时,对低压(LV)和中压(MV), $d = 1.25\% \sim 4\%$;对高压(HV), $d = 1.0\% \sim 3\%$;对随机不规则的变动, $d = 3\%$(LV,MV)和 $d = 2.5\%$(HV) **闪变限值** | 系统电压等级	LV	MV	HV
P_{st}	1.0	0.9(1.0)	0.8
P_{lt}	0.8	0.7(0.8)	0.6	 注:①括号中的值仅适用于所有用户为同电压等级场合;②P_{st} 为短时间闪变值;P_{lt} 为长时间闪变值	1.衡量点为公共连接点PCC; 2.P_{st} 每次测量周期为 10 min,取实测 95% 概率值;P_{lt} 每次测量周期为 2 h,不得超标; 3.限值分三级处理原则; 4.提供预测计算方法,规定测量仪器并给出典型分析实例
CB/T 14549 —1993	电能质量公用电网谐波	**各级电网谐波电压限值/%** | 电压 /kV	THD	奇次	偶次
0.38	5	4.0	2.0
6.10	4	3.2	1.6
35.66	3	2.4	1.2
110	2	1.6	0.8	 注:①220 kV电网参照 110 kV执行;②表中 THD 为总谐波畸变率	1.衡量点为PCC,取实测95%概率值; 2.对用户允许产生的谐波电流,提供计算方法; 3.对测量方法和测量仪器作出规定; 4.对同次谐波随机性合成提供算法

续表

标准编号	标准名称	允许限值	说明
GB/T 15543—2008	电能质量三相电压不平衡	1.负序电压不平衡度不超过 2%,短时不超过 4%; 2.每个用户负序电压不平衡度一般不得超过 1.3%	1.各级电压要求一样; 2.衡量点为 PCC,取实测 95% 概率值或日累计超标不许超过 72 min,且每 30 min 中超标不许超过 5 min; 3.对测量方法和测量仪器作出基本规定; 4.提供不平衡度算法
GB/T 15945—2008	电能质量电力系统频率偏差	1.正常允许±0.2 Hz,根据系统容量可以放宽到±0.5 Hz; 2.用户冲击引起的频率变动一般不得超过±0.2 Hz	对测量仪器提出基本要求
GB/T 24337—2009	电能质量公用电网间谐波	1.小于等于 1 000 V,小于 100 Hz,不大于 0.2%,100～800 Hz,不大于 0.5%; 2.大于 1 000 V,小于 100 Hz,不大于 0.16%,100～800 Hz,不大于 0.4%	1.基于离散傅立叶分析(DFT)测量、不排除更先进的测量方法; 2.测量分辨率为 5 Hz; 3.提供计算算法

续表

标准编号	标准名称	允许限值	说明
GB/T 18481—2001	电能质量暂时过电压和瞬态过电压	**1.系统工频过电压限值** | 电压等级/kV	过电压限值/p.u. | |---|---| | $U_m>252$（Ⅰ） | 1.3 | | $U_m>252$（Ⅱ） | 1.4 | | 110 及 220 | 1.3 | | 35~66 | $\sqrt{3}$ | | 3~10 | $1.1\sqrt{3}$ | 注：①U_m 指工频峰值电压； ②$U_m>252$ kV（Ⅰ），$U_m>252$ kV（Ⅱ） Ⅰ、Ⅱ分别指线路断路器两侧变电所的线路 **2.操作过电压限值** 空载线路合闸、单相重合闸、成功的三相重合闸、非对称故障分闸及振荡解列过电压限值 | 电压等级/kV	过电压限值/p.u. | |---|---| | 500 | 2.0* | | 330 | 2.2* | | 110~252 | 3.0 | 注：*表示该过电压相对地统计操作电压	1.暂时过电压包括工频过电压和谐振过电压，瞬态过电压包括操作过电压和雷击过电压； 2.工频过电压1.0 p.u.=$U_m/\sqrt{3}$，谐振过电压和操作过电压 1.0 p.u.=$\sqrt{2}U_m/\sqrt{3}$； 3.除统计过电压（不小于该值的概率为0.02）外，凡未说明的操作过电压限值均为最大操作电压（不小于该值的概率为0.001 4）； 4.瞬态过电压对空载线路分闸过电压、断路器开断并联补偿装置及变压器等过电压限值作出了规定

23

　　有关电能质量国家标准的详细介绍与说明可参看《电压、电流、频率和电能质量国家标准应用手册》。从现有的国家标准可知，我国的电能质量标准体系还很不完善，如有些指标是工业生产中急需提出的，但目前仍没有作出必要的规定，缺少相应的检测推荐方法和测量精度等的规定;有些指标的科学性和可操作性差,缺少完整的技术指导和行业规程和导则。建立全面的电能质量标准体系仍有大量的工作需要开展。

1.3.3 《电能质量 公用电网谐波》浅读

谐波治理是提高电能质量的重要内容,《电能质量 公用电网谐波》是治理谐波的依据和标准。学好、用好该标准是提高电能质量的工作内容、手段和目标。

《电能质量 公用电网谐波》的主要考核指标如下:

(1)公用电网谐波电压(相电压)

公用电网谐波电压(相电压)限值见表1.4。

表1.4 公用电网谐波电压(相电压)

电网标称电压/kV	电压总谐波畸变率/%	各次谐波电压含有率/%	
		奇次	偶次
0.38	5.0	4.0	2.0
6	4.0	3.2	1.6
10			
35	3.0	2.4	1.2
66			
110	2.0	1.6	0.8

(2)谐波电流允许值

公共连接点的全部用户向该点注入的谐波电流分量(方均根值)不应超过表1.5中规定的允许值。

表 1.5　谐波电流允许值

标准电压/kV	基准短路容量/(MV·A)	2	3	4	5	6	7	8	9	10	11	12	13	14	15	16	17	18	19	20	21	22	23	24	25
0.38	10	78	62	39	62	26	44	19	21	16	28	13	24	11	12	9.7	18	8.6	16	7.8	8.9	7.1	14	6.5	12
6	100	43	34	21	34	14	24	11	11	8.5	16	7.1	13	6.1	6.8	5.3	10	4.7	9.0	4.3	4.9	3.9	7.4	3.6	6.8
10	100	26	20	13	20	8.5	15	6.4	6.8	5.1	9.3	4.3	7.9	3.7	4.1	3.2	6.0	2.8	5.4	2.6	2.9	2.3	4.5	2.1	4.1
35	250	15	12	7.7	12	5.1	8.8	3.8	4.1	3.1	5.6	2.6	4.7	2.2	2.5	1.9	3.6	1.7	3.2	1.5	1.8	1.4	2.7	1.3	2.5
66	500	16	13	8.1	13	5.4	9.3	4.1	4.3	3.3	5.9	2.7	5.0	2.3	2.6	2.0	3.8	1.8	3.4	1.6	1.9	1.5	2.8	1.4	2.6
110	750	12	9.6	6.0	9.6	4.0	6.8	3.0	3.2	2.4	4.3	2.0	3.7	1.7	1.9	1.5	2.8	1.3	2.5	1.2	1.4	1.1	2.1	1.0	1.9

注:220 kV 基准短路容量取 2 000 MV·A。

同一公共连接点的每个用户向电网注入的谐波电流允许值按此用户在该点的协议容量与其公共连接点的供电设备容量之比进行分配。

学习《电能质量 公用电网谐波》标准,除学习主要考核指标外,对其他主要要素也必须学好、掌握好。

"基准短路容量"是每一个电压等级考核指标的基准值,与此不相符的都必须进行换算。在实际工作中,不少人将此"基准值"当作任何条件下都使用的"绝对标准值"。对每一个用户的谐波电流的考核指标,如果按不同用户的系统短路容量不同于标准的基准短路容量时,按下式修正:

$$I_n = \frac{S_{k1}}{S_{k2}} I_{np}$$

式中 I_n——短路容量为 S_{k1} 时的第 n 次谐波电流允许值,A;

S_{k1}——公共连接点的最小短路容量,MV·A;

S_{k2}——基准短路容量,MV·A;

I_{np}——标准中 n 次谐波电流的允许值,A。

在公共连接点处第 i 个用户的第 h 次谐波电流允许值(I_{hi})按下式计算:

$$I_{hi} = I_h \left(\frac{S_i}{S} \right)^{1/\alpha}$$

式中 I_h——换算第 h 次谐波电流允许值,A;

S_i——第 i 个用户的用电协议容量,MV·A;

S——公共连接点的供电设备容量,MV·A;

α——相位叠加系数,按表 1.6 取值。

表 1.6　谐波的相位叠加系数

h	3	5	7	11	13	9|>13|偶次
α	1.1	1.2	1.4	1.8	1.9	2

　　如一 10 kV 用户,10 kV PCC 考核点的最小短路容量为200 MV·A,与上一级电力公司签订的用电协议为 7:1,按《电能质量　公用电网谐波》标准,该用户 10 kV PCC 考核点的考核指标见表1.7。

表 1.7　10 kV PCC 考核点的考核指标

电网标称电压 /kV	电压总畸变率 /%	各次谐波电压含有率	
		奇次	偶次
10	4	3.2	1.6

谐波电流考核指标如 2 次谐波电流考核指标按标准计算如下:

$$I_2 = 26 \times 200 \div 100 \times (1 \div 7)^{0.5} \approx 19.65(\text{A})$$

按此公式计算的该用户 10 kV PCC 考核点的标准限值见表1.8。

表 1.8　10 kV PCC 考核点的标准限值

n	标准限值 /A	n	标准限值 /A
2	19.654	8	4.838
3	6.820	9	5.140
4	9.827	10	3.855
5	7.903	11	6.310
6	6.425	12	3.250
7	7.473	13	5.674

续表

n	标准限值 /A	n	标准限值 /A
14	2.797	20	1.965
15	3.099	21	2.192
16	2.419	22	1.739
17	4.536	23	3.402
18	2.117	24	1.587
19	4.082	25	3.099

1.3.4 《并联电容器装置设计规范》浅读

有关谐波的专著对无功补偿装置中的全电流、全电压有明确的分析,现行相关标准规定无功补偿装置为:

并联电容器装置设计规范(GB 50227—2017)

中华人民共和国住房和城乡建设部

中华人民共和国国家质量监督检验检疫总局   联合发布

实施日期:2017 年 11 月 1 日

5.2.2 电容器额定电压选择,应符合下列要求:

1 宜按电容器接入电网处的运行电压进行计算。

2 应计入串联电抗器引起的电容器运行电压升高。接入串联电抗器后,电容器运行电压应按下式计算:

$$U_{c} = \frac{U_{s}}{\sqrt{3}S} \cdot \frac{1}{1-K}$$

式中 U_c——电容器的端子运行电压,kV;

U_s——并联电容器装置的母线运行电压,kV;

S——电容器组每相的串联段数;

K——电抗率。

5.5 串联电抗器

5.5.1 串联电抗器选型时,应根据工程条件经技术经济比较确定选用干式电抗器或油浸式电抗器。安装在屋内的串联电抗器,宜采用设备外漏磁场较弱的干式铁芯电抗器或类似产品。

5.5.2 串联电抗器电抗率选择,应根据电网条件与电容器参数经相关计算分析确定,电抗率取值范围应符合下列规定:

1 仅用于限制涌流时,电抗率宜取 0.1%~1%。

2 用于抑制谐波时,电抗率应根据并联电容器装置接入电网处的背景谐波含量的测量值选择。当谐波为 5 次及以上时,电抗率宜取 5%;当谐波为 3 次及以上时,电抗率宜取 12%,也可采用 5%与 12%两种电抗率混装方式。

上述标准规定电容器额定电压的选取,没有提到谐波水平,没有提及不同的电抗率会导致进入补偿(滤波)装置的谐波水平是不相同的。不同的谐波水平,电容器应该选取不同的额定电压,才能确保补偿(滤波)长期、安全、稳定运行。补充、完善标准的全电流、全电压理念,标准才能正确指导、规范无功补偿装置的设计、生产和使用。

1.3.5 《高压并联电容器用串联电抗器》浅读

高压并联电容器用串联电抗器(JB/T 5346—2014)

4 产品型号和产品分类

4.1 产品型号

29

电抗器产品型号的编制方法按 JB/T 3837 的规定。

4.2 产品分类

电抗器分为油浸式铁芯电抗器、干式空心电抗器和干式铁芯电抗器三类。

5 使用条件

对于油浸式铁芯电抗器,其使用条件按 GB 1094.1 的规定。

对于干式空心电抗器和干式铁芯电抗器,户内式产品的使用条件按 GB 1094.11 的规定,户外式产品的使用条件按 GB 1094.1 的规定。

除上述规定的使用条件外,如果还需满足其他的使用条件,则用户应在询价和订货时予以说明。此时,有关其额定值及试验方面的补充要求需另行商定。

6.1 额定值

6.1.1 额定频率

电抗器的额定频率为 50 Hz。

6.1.2 相数

电抗器为单相或三相。

6.1.3 额定电压

电抗器的额定电压为:6 kV、10 kV、20 kV、35 kV、66 kV。

6.1.4 额定电抗率

电抗器的额定电抗率一般推荐为:4.5%、5%、6%、12%、13%。

6.1.5 额定端电压

电抗器的额定端电压按式(1)计算:

$$U_n = KNU_{cn} \qquad\qquad (1)$$

式中 U_n——电抗器的额定端电压,kV;

K——额定电抗率;

N——每相电容器串联台数；

U_{cn}——配套并联电容器的额定电压,kV。

电抗器的额定端电压及相关参数应符合表 1.9 的规定。

表 1.9 额定端电压及相关参数

系统额定电压/kV	配套电容器的额定电压/kV	每相电容器串联台数/台	额定电抗率下的电抗器额定端电压/kV				
			4.5%	5%	6%	12%	13%
6	$6.6/\sqrt{3}$	1	0.171	0.191	0.229	0.457	
	$7.2/\sqrt{3}$					0.499	0.540
10	$11/\sqrt{3}$		0.286	0.318	0.381		
	$12/\sqrt{3}$					0.831	0.901
20	$22\sqrt{3}$	1	0.572	0.635	0.762		
	$24\sqrt{3}$					1.663	1.801
35	11	2	0.990	1.100	1.320		
	12					2.880	3.120
66	20		1.800	2.000	2.400		
	22					5.280	5.720

6.1.6 额定容量

三相电抗器的额定容量按式(2)计算：

$$S_n = KQ_c \tag{2}$$

式中 S_n——三相电抗器的额定容量,kvar；

K——额定电抗率；

Q_c——电容器组的三相容量,kvar。

单相电抗器的额定容量为三相电抗器的额定容量的三分之一。

6.1.7　额定电流

单相电抗器的额定电流按式(3)计算:

$$I_n = \frac{S_n}{U_n} \tag{3}$$

式中　I_n——额定电流,A;

　　　　S_n——单相电抗器的额定容量,kvar;

　　　　U_n——电抗器的额定端电压,kV。

三相电抗器的额定电流按式(4)计算:

$$I_n = \frac{S_n}{3U_n} \tag{4}$$

式中　I_n——额定电流,A;

　　　　S_n——三相电抗器的额定容量,kvar;

　　　　U_n——电抗器的额定端电压,kV。

6.1.8　额定电抗

电抗器的额定电抗按式(5)计算:

$$X_n = \frac{1\ 000\ U_n}{I_n} \tag{5}$$

式中　X_n——额定电抗,Ω;

　　　　U_n——额定端电压,kV;

　　　　I_n——额定电流,A。

上述参数计算中都没有提及"谐波"理念,更没有将谐波水平对相关参数的影响纳入计算公式中。

6.4　过负载能力

6.4.1　电抗器应能在工频电流为 1.35 倍额定电流的最大工作电流下连续运行。

6.4.2　电抗器应能在 3 次和 5 次谐波电流含量均不大于35%、总电流方均根值不大于 1.2 倍额定电流的情况下连续运行。

注:谐波电流含量以基波电流为基础。谐波电流含量及总电流是指电抗器投运以后的值。谐波电流含量超过本条规定时,应由用户与制造方协商。

6.4.3　油浸式铁芯电抗器和干式铁芯电抗器应能承受25倍额定电流的最大短时电流的作用;干式空心电抗器应能承受额定电抗率倒数倍额定电流的最大短时电流的作用,不产生任何热的和机械的损伤。

按 GB 1094.5 的要求,动稳定要求时间为 0.5 s,由试验验证;热稳定要求时间为 2 s,由计算验证。

此处提及谐波电流含量,按此标准提出的谐波电流含量水平所产生的谐波电压水平没有提及,按此标准规定 3 次和 5 次谐波电流含量均不大于35%,总电流方均根值为 1.12 倍额定电流,但 3 次和 5 次谐波电流含量均为35%时,谐波电压已为基波电压的227%了,这是标准没有提及的,也没有考虑的,按此谐波电压水平,铁芯电抗器必须进行特殊设计了。

本款标准只提及铁芯电抗器电抗值 1.8 倍工频额定电流时的电抗值偏差,没有考虑 1.8 倍工频额定电流时铁芯电抗器的磁密,按一般铁芯电抗器的设计,铁芯电抗器在 1.8 倍工频额定电流时铁芯早已饱和,有可能铁芯深度饱和了,但电抗器的磁路有间隙,间隙的磁阻占了整个磁路磁阻的80%以上。电抗器铁芯早已饱和,但电抗器电抗值仍然衰减不多,仍在 5%内。

笔者曾对一批现场使用不合格的铁芯电抗器用电能质量测试仪测量了从 50%~200%的额定电流,其电压(U)、电流(I)、阻抗(Z)、谐波电流(I_n)标幺值曲线如图 1.2 所示。

测试电流为 1.01 倍时,阻抗为额定阻抗的 1.01,谐波电流值为 0.56 A;测试电流为 1.8 倍时,阻抗为额定阻抗的 0.94,谐波电流值为 1.51 A;测试电流为 2.07 倍时,阻抗为额定阻抗的 0.89,谐波电流值为 4.13 A。此测试资料说明,铁芯电抗器靠调整铁芯间隙可以保证在 1.8 倍工频额定电流时电抗器阻抗衰减不超过 5%,但不能确保电抗

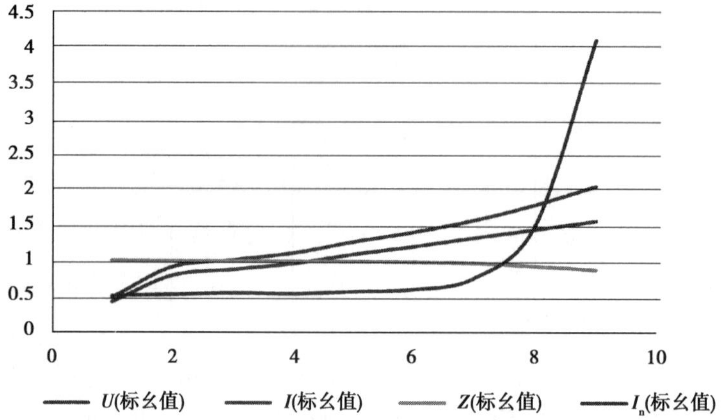

图 1.2　某不合格铁芯电抗器的测量参数值

器铁芯不饱和,不影响电抗器的性能。

另外,标准提及"铁芯电抗器,在 1.8 倍工频额定电流下的电抗值与额定电抗值之差"问题,此款描述不全面,在电抗率 4.5% 配置下,滤波效果是很好的,若在重谐波场所,对 5 次谐波电流(系统短路容量较小时)可能达到 70% 左右的滤波效果,此时电抗器端子电压的全电压与基波电压的比值系数可能在"4 倍"左右,"1.8 倍"的比值系数是绝对不行的。笔者曾对一批现场满足铁芯电抗器电抗值 1.8 倍工频额定电流时的电抗值偏差的铁芯电抗器用电能质量测试仪测量从 90% ~ 340% 的额定电流,其阻抗(Z 标幺值)、谐波电流畸变率曲线如图 1.3 所示。

一般"符合标准"的电抗器在这种重谐波环境的场所是不能满足使用要求的。

上述标准规定电抗器参数时,没有提到谐波水平,没有提及不同的电抗率会导致进入补偿(滤波)装置的谐波水平是不相同的。在提及谐波电流时,没有考虑其谐波电流在铁芯电抗器产生的谐波电压。在确保电抗器正常运行时,只考虑阻抗值的变化,没有考虑电抗器铁芯的饱和程度,更没有考虑在重谐波和系统短路容量较小场所使用

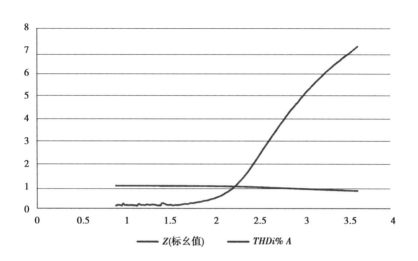

图 1.3　某合格铁芯电抗器的测量参数值

时"1.8 倍工频额定电流"不能满足使用要求的实际情况。但现场实际需要是必须完全保证铁芯电抗器在该场所下运行时铁芯不会饱和,才能确保补偿(滤波)装置长期、安全、稳定运行。补充、完善标准的全电流、全电压理念,标准才能正确指导、规范无功补偿装置的设计、生产和使用。

习　题

1.什么是电能质量? 电能质量的特征有哪些?

2.从工程实用角度出发,解释电能质量的定义。

3.典型的短时间电压变动现象有哪些?

4.长时间电压变动的概念是什么?

5.波形畸变的概念是什么?

6.波形畸变的类型有哪些?

第 2 章 电压质量基础

2.1 电压偏差

电压是电能质量的重要指标之一,其中,电压偏差是衡量供电系统正常运行与否的一项主要指标。

2.1.1 电压偏差的定义

供电系统在正常运行方式下,某一节点的实际电压与系统标称电压(通常,电力系统的额定电压采用标称电压去描述,对电气设备则采用额定电压的术语)之差对系统标称电压的百分数称为该节点的电压偏差。

$$\delta U = \frac{U_{re} - U_N}{U_N} \times 100\%$$

式中 δU ——电压偏差;

U_{re} ——实际电压,kV;

U_N——系统标称电压,kV。

供电系统的正常运行方式是指系统中所有电气元件均按预定工况运行。供电系统在正常运行时,负荷时刻发生着变化,系统的运行方式也经常改变,系统中各节点的电压随之发生改变,会偏离系统电压额定值。电压的这种变化是缓慢的,其每秒电压变化率小于额定电压的 1%。

由第 1 章可知,电压的均方根值偏离额定值的现象称为电压变动,电压偏差属于电压变动的范畴。与同属电压变动范畴的过电压和欠电压相比,电压偏差仅仅针对电力系统正常运行状态而言。过电压和欠电压既可能出现在电力系统正常运行方式下,也可能出现在电力系统非正常运行方式下,如故障状态等。电力系统在正常运行方式下,机组或负荷的投切所引起的系统电压偏差并不大,其绝对值不大于标称电压的 10%。系统在非正常运行方式下,其故障所引发的系统电压变动与故障点距离的远近有很大关系。此时,系统实际电压可能严重偏离标称值,也可能偏离标称值的幅度并不大。距离越近,电压低于标称值越多;距离越远,电压低于标称值越少。此时,电压偏差强调的是实际电压偏离系统标称电压的数值,与偏差持续的时间无关。而过电压和欠电压强调实际电压严重偏离标称电压,分别为高于标称电压的 110% 和维持在标称电压的 10% ~ 90%,并且持续时间超过 1 min。

2.1.2 电压偏差的限值

一般而言,35 kV 以上供电电压无直接用电设备,用电设备大多通过降压变压器接入供电系统,合理选择降压变压器的分接头位置

可以起到一定的调压作用。目前我国对 35 kV 及以下供电电压规定了允许电压偏差,具体情况如下:

①35 kV 及以上供电电压的正、负偏差的绝对值之和不超过标称电压的 10%。如供电电压上下偏差同号时(均为正或负),按较大的偏差绝对值作为衡量依据。

②10 kV 及以下三相供电电压允许偏差为标称电压的±7%。

③220 V 单相供电电压允许偏差为标称电压的+7%,−10%。

我国国家标准 GB/T 12325—2008《电能质量 供电电压偏差》对电压偏差作了详尽的规定。

2.1.3　电压偏差产生的原因

电力系统中的负荷以及发电机组的出力随时发生变化,网络结构随着运行方式的改变而改变,系统故障等因素都将引起电力系统功率的不平衡。系统无功功率不平衡是引起系统电压偏离标称值的根本原因。

电力系统的无功功率平衡是指在系统运行中的任何时刻,无功电源供给的无功功率与系统需求的无功功率相等。系统无功功率不平衡意味着有大量的无功功率流经供电线路和变压器,线路和变压器中存在的阻抗会造成线路和变压器首末端电压出现差值。

2.1.4　电压偏差过大的危害

电压偏差过大会对用电设备以及电网的安全稳定和经济运行产生极大的危害。

（1）对用电设备的危害

所有用户的用电设备都是按照设备的额定电压进行设计和制造的。当电压偏离额定电压较大时，用电设备的运行性能恶化，运行效率降低，用电设备会由于过电压或过电流而损坏。例如，当电压低于额定电压的 5% 时，白炽灯的光通量减少 18%；当电压低于额定电压的 10% 时，白炽灯的光通量减少 30%。发光不足会影响人们的视力，降低工作效率。当电压高于额定电压的 5% 时，白炽灯的寿命减少 30%；当电压高于额定电压的 10% 时，白炽灯的寿命减少 50%。电炉等电热设备的发热量与电压的平方成正比。如果电压偏低，则设备的发热量急剧下降，导致生产效率降低。系统中大量使用的异步电动机，其电磁转矩与端电压的平方成正比。当电压过低时，电动机滑差加大，定子电流显著增加，导致绕组温度升高，从而加速绝缘老化，缩短电动机寿命，严重时可能烧毁电动机；当电压过高时，可能损坏电动机绝缘或由于励磁电流过大而过电流，同样也会缩短电动机寿命。电压偏差过大对家用电器的使用效率和寿命均产生不良影响。例如，电压过低时，电视机屏幕显示不稳定，图像模糊，甚至无法收看；而电压过高则会大大缩短显像管的寿命。

（2）对电网的危害

输电线路的输送功率受功率稳定极限的限制，而线路的静态稳定功率极限近似与线路的电压平方成正比。系统运行电压偏低，输电线路的功率极限大幅度降低，可能产生系统频率不稳定现象，甚至导致电力系统频率崩溃,造成系统解列。如果电力系统缺乏无功电源,可能产生系统电压不稳定现象,导致电压崩溃。频率稳定和电压稳定的破坏都会造成严重的灾难,给电力系统和各行各业的生产以及人民生活带来重大的损失。系统运行电压过高可能使系统中各种电气设备的绝缘受损,使带铁芯的设备饱和,产生谐波,并可能引发铁磁谐振,威胁电力系统的安全和稳定运行。

电压偏差大不仅对系统的稳定造成威胁,还影响系统的经济运行。当输送功率一定时,输电线路和变压器的电流与运行电压成反比,而输电线路和变压器的有功损耗与电流的平方成正比。系统电压偏低将使电网的有功损耗、无功功率损耗以及电压损失大大增加;系统电压偏高,超高压电网的电晕损耗加大。所有这些都会增加供电成本。

40

2.1.5 改善电压偏差的措施

电力系统分布广,节点数目多。系统运行时,电压随节点位置、负荷水平不断发生变化。可以说,电压水平的控制既有局域性,又有全局性;既与网络规划有关,又与运行控制密不可分。保证电力系统各节点电压在正常水平的充分必要条件是系统具备充足的无功功率电源,同时采取必要的调压手段。调压手段措施如下:

①改变系统无功功率的分布,即通过无功功率调节手段改变无功功率 Q 的潮流大小和方向。

②改变发电机端电压。

③改变变压器变比 k。

④改变输电网络的参数 X。

2.1.6　电压偏差的监测与考核

电压偏差的监测与考核是评价电力系统电压质量的重要方法，其结果是修订无功功率和电压曲线、制订电网规划和技术改造计划的依据。电力系统中设置足够数量并具有一定代表性的电压监测点是保证电压偏差的监测具有合理性、科学性和普遍性的前提。

电压监测点的设置原则如下：

①与主网（220 kV 及以上电力系统）直接连接的发电厂高压母线。

②各级调度"界面"处的 330 kV 及以上变电所的一、二次母线，220 kV 变电所的二次母线或一次母线。

③所有变电所的 10 kV 母线。

④具有一定代表性的用户电压监测点宜采用这样的选取原则：a.所有 110 kV 及以上供电的用户；b.所有 35 kV 专线供电的用户；c.其他 35 kV 用户和 10 kV 用户中，每 1 万 kW 负荷至少设一个电压监测点，并应包括对电压有较高要求的重要用户和每个变电所 10 kV 母线所具有代表性的线路末端用户；d.低压（0.4 kV）用户中，至少每百台配电变压器设一个电压监测点，并且应设在有代表性的低压配电网的首末两端和部分重要用户中。

电压监测的方法是在电压监测点安装具有自动记录和统计功能的"电压监测仪"。它能直接监测电压的偏差，并能统计电压合格率和电压超限率。

2.2 电压波动及闪变

2.2.1 电压波动

(1)电压波动的含义

电压波动是指电压均方根值一系列相对快速变动或连续改变的现象。其变化周期大于工频周期。在配电系统运行中,这种电压波动现象有可能多次出现,变化过程可能是规则的、不规则的,也可能是随机的。电压波动的图形是多种多样的,如跳跃形、斜坡形或准稳态形等。

电压波动发生的次数是分析电压均方根值变化特性的一个重要指标。把单位时间内电压波动的次数称为电压波动频度 r,一般以时间的倒数作为频度的单位。国家电能质量标准规定,电压由高到低或由低到高的变化各算一次波动。同一方向的若干次波动,如果波动间隔时间小于 30 ms,则算一次波动。

在电动机启动一次的过程中,其供电电压实际发生了由高到低后又回升的两次电压波动。作为动态电压波动事件,电动机启动一次应算作一次动态电压波动。当电动机频繁启动,或如电弧炉和间歇通电的负荷工作时,则会出现一系列的电压波动。

（2）波动性负荷对电压特性的影响

引起电压波动的原因是多种多样的，配电系统发生的短路故障或开关操作，或者是无功功率补偿装置、大型整流设备的投切均能导致供电电压波动。但是，频繁发生且持续时间较长的电压波动更多是由功率冲击性波动负荷的工作状态变化所致。由于波动性负荷的功率因数低，无功功率变动量相对较大，并且其功率变化的过程快，因此在实际运行中可以认为波动性负荷是引起供电电压波动的主要原因。

根据用电设备的工作特点和对电压特性的影响，波动性负荷可分为以下两大类型：

①频繁启动和间歇通电时常引起电压按一定规律周期变动的负荷，如轧钢机和绞车、电动机、电焊机等。

②引起供电点出现连续的、不规则的、随机电压变动的负荷，如炼钢电弧炉等。

2.2.2 闪变

虽然电压波动会引起部分电气设备不能正常工作，但在实际运行中出现的电压波动值往往小于电气设备对电压敏感度门槛值，可以说电压波动使得电气设备运行出现问题甚至损坏的情况并不多见。例如，对电子计算机和控制设备就不需要特别去注意电压波动的干扰，它们通常都经交直变换后改用直流电源，对交流电压波动不很敏感，并且可在相对耗资不大的条件下加设抗干扰设施。

但是在办公、商用和民用建筑的照明电光源中,白炽灯占有相当大的比例,白炽灯的光功率与电源电压的平方成正比,受电压波动影响较大。当白炽灯电源的电压波动在10%左右,并且当重复变动频率为5~15 Hz时,就可能造成令人烦恼的灯光闪烁,严重时会刺激人的视觉神经,使人们难以忍受而情绪烦躁,从而干扰人们的正常工作和生活。

日光灯和电视机等其他家用电器的功率与电源电压一次方成正比,电动机等负荷则因有机械惯性,对电压波动的敏感程度远低于白炽灯。在研究电压波动带来的影响时,通常选白炽灯光照设备受影响的程度作为判断电压波动是否能被接受的依据。

电光源的电压波动造成灯光照度不稳定的人眼视觉反应称为闪变。换言之,闪变反映了电压波动引起的灯光闪烁对人视觉产生的影响。一直以来人们习惯使用电压闪变(Voltage Flicker)一词代替闪变。严格地讲,闪变是电压波动引起的有害结果,是人对照度波动的主观视觉反应,它不属于电磁现象。使用电压闪变这一名词时注意不要造成概念混淆。

波动性负荷运行时会引起供电电压幅值快速变化,但并非出现电光源电压波动时,人们才会感受到对灯光照度的作用和影响。这是因为人的主观视感度不仅与电压波动大小有关,还与电压波动的频谱分布和电压出现波动的次数(或称为发生率)以及照明灯具的类型等因素有关。

每个人的感光特性和大脑的反应特性不同,对灯光照度变化的感觉存在着差异,决定闪变的因素也比较复杂,对电压波动与闪变问题一直难以建立精确的数学模型。闪变的评价方法不是通过纯数学推导与理论证明得到的,而是通过对同一观察者反复进行闪变实验和对不同观察者的闪变视感程度进行抽样调查,经统计分析后找出相互间有规律性的关系曲线,利用函数逼近的方法获得闪变特性的近似数学描述来实现的。目前,世界上许多国家均采用由国际电热协会(UIE)制订、推荐,并由 IEC 发布的测量统计方法和相应的闪变严重度评估标准。

2.3　电压暂降

2.3.1　电压暂降的起因

当输配电系统中发生短路故障、感应电机启动、雷击、开关操作、变压器以及电容器组的投切等事件时,均可引起电压暂降。其中,短路故障、感应电机启动和雷击是引起电压暂降的主要原因。

雷击时造成的绝缘子闪络或对地放电会使保护装置动作,从而导致供电电压暂降。这种暂降影响范围大,持续时间一般超过100 ms。

电机全电压启动时,需要从电源汲取的电流值为满负荷时的500%~800%,这一大电流流过系统阻抗时,会引起电压突然下降。这种暂降的持续时间较长,但暂降程度较小,不会对用户造成严重的影响。通过采取适当的措施,可以有效消除电机启动所引起的暂降的不利影响。

短路故障可能会引起系统远端供电电压较为严重的跌落,影响工业生产过程中对电压敏感的电气设备(如电子设备等)的正常工作,甚至造成严重的经济损失。电压暂降已成为现代电力用户所面临的重要的电磁干扰问题之一。

输配电系统中的多数故障为单相接地故障,该故障是产生电压暂降的主要原因。据统计,单相、两相和三相电压暂降占全部电压暂降的比例分别约为 66%,17% 和 17%。

2.3.2　电压暂降的影响

在许多发达国家,电压暂降与中断已成为影响大工商业用户的最主要的电能质量问题。当保护装置跳闸切断给某一用户供电的线路时,该供电线路上将出现电压中断。这种情况一般仅在该线路上发生故障时才会出现,而相邻的非故障线路上将出现电压暂降。对电力系统的许多故障,在故障期间相邻线路上都将发生不同程度的电压暂降。电压暂降发生的次数远比电压中断发生的次数多。与仅对电压中断较为敏感的设备相比,如果设备对电压暂降也很敏感,则由电压暂降带来的问题的次数将显著增加。对于某一用户来说,一次电压暂降带来的危害可能不如一次中断带来的危害大。但暂降发生次数较电力系统中的故障多数为单相接地故障。单相接地故障通常是由气候原因引起的,如闪电、风和冰雪等。绝缘子污染、动物触线、建筑施工或交通运输引发的事故也会引起故障。尽管电力部门竭尽全力防止系统发生故障,但故障并不能被完全消除。由故障引起的电压暂降是不可避免的。了解关键用电设备对电压暂降的敏感程度如何,对用户来说是非常重要的。

随着经济的快速发展,复杂电子设备在各用电部门中得到了广泛应用,这些设备中有很多对短时间的电压变化较为敏感。据调查,短时电压暂降可引起计算机系统紊乱(幅值下降大于 10%,持续时间大于 0.1 s),调速设备跳闸(幅值下降大于 15%,持续时间 0.5 周波)以及机电设备误操作等。电压暂降问题是使这些设备不能正常工作的主要原因。

2.4　电压中断

2.4.1　短时间电压中断

保护装置切除故障、误动以及运行人员误操作等均可引起电压中断。具有故障自动恢复装置(重合闸等)的断电为短时间电压中断,需要手动才能恢复的电压断电为长时间电压中断。

永久性故障可以被主馈线的断路器清除,但会导致该线路上所有用户长时间的电压中断,为此,可考虑采用熔断器清除永久性故障。此时,需将重合闸设定为瞬时动作和延迟动作两种情况,即对所有可能的故障电流,保护动作的时间顺序依次为主馈线断路器(重合闸)瞬时动作、熔断器动作、主馈线断路器(重合闸)延迟动作。这样,当故障发生时,主馈线上的所有用户承受的将为短时间电压中断。

装设自动重合闸和自动切换装置,是保证对用户不中断供电采取的常规措施。但自动重合闸实际断电时间达几周波至几秒,自动切换装置则一般需要 0.5 s 至几秒。以上分析的故障引起的电压暂降与中断扰动问题是不可避免的。对于重要的敏感电力用户来说,可考虑采用微电子继电保护装置加大功率电力电子技术制成的固态切换开关,来替换常规的自动重合闸及自动切换装置,以保证在 0.5 周波内完成全部切换操作,从而保证向用户供电的连续性。但对于大多数用户而言,广泛采用的仍为常规自动重合闸及自动切换装置。

2.4.2　长时间电压中断

长时间电压中断是指供电电压幅值为零,且持续时间超过 5 min(有的国家规定为 1 min 以上)的现象。长时间电压中断发生时,负荷不能从系统汲取电能。

按照性质划分,长时间电压中断可以分为两大类,即预安排电压中断和故障电压中断。预安排电压中断是指所有预先安排的电压中断。计划电压中断是指有正式计划安排的电压中断。检修电压中断是指按检修计划要求安排的电压中断。施工电压中断是指电压系统扩建、改造及迁移等施工引起的有计划安排的电压中断。用户申请电压中断是指由用户自身的要求得到批准且影响其他用户而有计划安排的电压中断。临时电压中断是指事先无正式计划安排,但在规定的时间前按规定程序经过批准的电压中断。临时检修电压中断是指供电系统在运行中出现危及系统安全运行、必须处理的缺陷而临时安排的电压中断。临时施工电压中断是指事先未安排计划而又必须尽早安排的施工电压中断。用户临时申请电压中断是指由用户自身的特殊要求得到批准且影响其他用户的电压中断。限电是指在电压系统计划的运行方式下,根据电力的供求关系,对求大于供的部分进行限量供应。系统电源不足限电是指由于电压系统电源容量不足,根据调度命令对用户进行的拉闸限电或不拉闸限电。电压系统限电是指由于电压系统本身设备容量不足,或电压系统异常,不能完成预定的电压计划而对用户的拉闸限电,或不拉闸限电。

电压企业为维护电压系统正常工作,对电气设施进行定期或不定期的维护、检修,或为满足系统改、扩建需要而有计划实施的电压中断是不可避免的。电压中断与电压系统的网架结构、电气设备运行状态、系统运行方式和调度管理水平有很大关系。我国近几年大规模的城市电网改造使一些城市预安排电压中断次数明显增加。随着城市电网改造的结束,预安排电压中断的次数必然下降。在实施预安排电压中断之前,大部分负荷已经被事先切换到由其他线路或变压器电压,由电压中断而导致的用户停产或减产现象并不严重,由此造成的经济损失不大。故障电压中断是指故障或故障后保护和自动装置动作引起的突然电压中断。由于故障发生的时间、地点及严重程度具有很大的偶然性,因此故障电压中断对用户和电压系统的影响很大,造成的经济损失难以估量。本节所指的电压中断以及产生的原因、危害和改善措施主要针对故障电压中断。

49

2.4.3　电压中断的危害

电力系统电压中断会使全系统的有功功率和无功功率的平衡遭到破坏,系统频率及电压严重偏离正常值,甚至可能导致系统频率崩溃和电压崩溃。

电力系统电压中断还对国民经济其他行业产生重大影响,导致生产停顿、生活混乱,甚至危及人身和设备安全,从而给国民经济带来严重损失。

例如,电压中断时间超过 15 min,电解铝炉就会报废;高炉停电时间超过 30 min,铁水就要凝固;矿井停电时间过长,空气中瓦斯含量会升高,使井下矿工窒息,甚至引发瓦斯爆炸等事故;电气化铁路一旦电压中断,电气机车无法运行,严重影响游客及货物运输;交通信号电压中断,会造成交通堵塞甚至交通瘫痪等。

2.4.4 电压中断产生的原因以及提高供电可靠性的措施

电力系统故障是产生电压中断的主要原因。造成电力系统故障的原因有很多,包括电气设备质量缺陷、人员误操作、继电保护误动作、运行管理水平低以及自然灾害等。统计资料表明,在导致系统稳定性破坏的故障中,设备质量缺陷引起的故障占 32%,人员误操作引起的故障占 17%,自然灾害引起的故障占 16.6%,继电保护误动作引起的故障占 13.2%,运行管理水平低引起的故障占 21.2%。减少电力系统故障应从以下几个方面入手:

(1)设备质量缺陷

电力系统中有些设备的运行年限过长,导致设备性能老化。当系统运行环境恶化时,如出现大风、雷雨或大雾天气,很容易出现瓷套管和绝缘子闪络放电而导致断路器跳闸的事故。应加强设备的运行维护,提前安排重点线路和重点设备的清扫及缺陷处理,并加强对重点线路巡视。总之,加大平时状态检测的力度,及时维修或更换老化的设备,才能防患于未然。

（2）人员误操作

某些运行人员对有关的规章制度不熟悉,或存在麻痹大意思想,不能严格按照制度进行调度,从而引发事故,或使事故扩大。对此应加强对运行人员的岗前培训及业务技能培训,强化安全生产教育,不断提高运行人员的技术水平和迅速、正确处理事故的能力。

（3）自然灾害

雷击、闪电、大风、暴雨、大雾、冰雹、酷热、严寒以及山洪、泥石流等自然灾害恶化了系统中电气设备的运行条件,可能导致设备保护动作,引起系统事故。对此应提高天气预报的准确性,提前做好电气设备的检修维护工作,制订周密的事故应急措施,把事故导致的损失减少到最小。

（4）继电保护误动作

随着系统网架结构的逐步加强,二次设备对系统可靠性的影响越来越大,其设计及接线正确与否直接关系电力系统的安全运行。应进一步加大对二次设备设计及接线的审核力度,加强对保护定值的校验力度,确保继电保护正确无误。

（5）运行管理水平低

电气设备因检修而退出运行,会导致系统可靠性下降,要注重检

51

修计划的合理性和科学性,提高系统运行管理水平。

除针对上述原因而采取的提高供电可靠性的措施以外,以下措施也有利于改善系统的供电可靠性:①加强系统的网架结构,合理分布电源及无功功率补偿设备,提高系统的抗扰动能力。②采用自动化程度高的系统、装设分散协调控制装置等重要的技术措施。③各负荷的供电方式,应根据负荷对供电可靠性的要求和地区供电条件确定。

按照供电可靠性要求,用电负荷分为三级:

①一级负荷,是指突然停电造成人身伤亡,或在经济上造成重大损失,或在政治上造成重大不良影响的负荷。如重要交通和通信枢纽用电负荷,重点企业中的重大设备和连续生产线用电负荷,政治和外事活动中心等用电负荷。

②二级负荷,是指突然停电在经济上造成较大损失,或在政治上造成不良影响的负荷。如突然停电将造成主要设备损坏或大量产品报废或大量减产的工厂用电负荷,交通和通信枢纽用电负荷,大量人员集中的公共场所等用电负荷。

③三级负荷。不属于一级负荷和二级负荷的都为三级负荷。

各级用电负荷的供电方式按下列原则确定:

①一级负荷应由两个独立电源供电。有特殊要求的一级负荷,两个独立电源应来自两个不同的地点。两个独立电源是指其中任一电源故障时,不影响另一电源继续供电。当两个电源具备下列条件时,可视为两个独立电源:a.两个电源来自不同的发电机。b.两个电源间无联系,或虽有联系但能在其中任一电源故障时另一电源自动断开两者之间的联系。

②二级负荷应由两回线路供电。当负荷较小或取两回线路有困

难时,可由一回专用线路供电。

③三级负荷对供电方式无要求。

习　题

1.电压偏差的调整手段有哪些?

2.电压偏差的定义是什么? 其原因和危害有哪些?

3.电压波动的定义是什么?

4.根据用电设备的工作特点和对电压特性的影响,如何对波动性负荷进行分类?

5.闪变的定义是什么? 其危害有哪些?

6.电压暂降与中断的原因是什么?

7.产生电压暂降的主要原因及检测方法有哪些?

第 *3* 章 波形质量基础

3.1 波形畸变的基本概念

在电力系统中,发电厂出线端电压一般具有很好的正弦特性,但在接近负荷端,电压畸变率较大。对某些负荷,电流波形只是一个近似的正弦波,特别是对电力电子功率换流器,其开关可将电流斩切为任意形状。但在绝大多数情况下,畸变并不是任意的,多数畸变是周期性的,属于谐波范畴。也就是说,从整个过程来看,其波形缓慢变化,并且几乎每个周期都是相同的。可以用专用术语"谐波"来描述符合上述规律的波形畸变。

3.1.1 波形畸变

波形畸变是由电力系统中的非线性设备引起的,流过非线性设备的电流和加在其上的电压不成比例关系。常见的非线性设备有二极管、晶闸管、IGBT 等半导体器件。任何周期性的畸变波形都可用正弦波形的和表示。也就是说,当畸变波形的每个周期都相同时,则该波形可用一系列频率为基波频率整数倍的理想正弦波形的和来表示。其中,频率为基波频率整数倍的分量称为谐波,而一系列正弦波形的和称为傅里叶级数。

国际上公认的谐波的定义为:"谐波是一个周期电气量的正弦波分量,其频率为基波频率的整倍数。"

关于工程实际中出现的谐波问题的描述及其性质需明确以下 5 个问题:

①谐波。其次数必须为基波频率的整数倍。例如,我国电力系统的额定频率(也称为工业频率,简称工频)为 50 Hz,则基波频率为 50 Hz,2 次谐波频率为 100 Hz,3 次谐波频率为 150 Hz 等。

②间谐波和次谐波。在一定的供电系统条件下,有些用电负荷会出现非工频频率整数倍的周期性电流的波动,为延续谐波概念,又不失其一般性,根据该电流周期分解出的傅里叶级数得出的不是基波整数倍频率的分量,称为分数谐波(fractional-harmonics),或称为间谐波(inter-harmonics)。频率低于工频的间谐波又称为次谐波(sub-harmonics)。

③谐波和暂态现象。在许多电能质量问题中常把暂态现象误认为波形畸变。暂态过程的实测波形是一个带有明显高频分量的畸变波形,虽然暂态过程中含有高频分量,但暂态和谐波却是两种完全不同的现象,它们的分析方法也不同。电力系统仅在受到突然扰动之后,其暂态波形才呈现出高频特性,但这些高频分量并不是谐波,与系统的基波频率无关。

谐波是在稳态情况下出现的,其频率是基波频率的整数倍。产生谐波的畸变波形是连续的,或至少持续几秒钟,而暂态现象通常在几个周期后就消失了。暂态现象常伴随着系统的改变,如投切电容器组等,而谐波则与负荷的连续运行有关。

在某些情况下存在两者难以区分的情形,如变压器投入时的情形,此时对应于暂态现象,波形的畸变只持续数秒,并可能引起系统谐振。

④短时间谐波。对短时间的冲击电流,如变压器空载合闸的励磁涌流,按周期函数分解,将包含短时间的谐波和间谐波电流,称为短时间谐波电流或快速变化谐波电流,应将其与电力系统稳态和准稳态谐波区别开来。

⑤陷波。换流装置在换相时,会导致电压波形出现陷波或称换相缺口。这种畸变虽然也是周期性的,但不属于谐波范畴。

3.1.2 均方根值和总谐波畸变率

假设发电机母线仅包含基波电压,非线性负荷注入的谐波电流流过系统阻抗时仍将引起各次谐波电压降,在负荷母线上会出现电压畸变。电压畸变的程度取决于系统阻抗和谐波电流的大小。同一谐波负荷在系统中两个不同的位置可能引起两个不同的电压畸变值。即非正弦周期量的均方根值等于其各次谐波分量均方根值的平方和的平方根值,与各分量的初相角无关。

提高电能质量,对谐波进行综合治理,防止谐波危害,就是要把谐波含有率和总谐波畸变率限制在国家标准规定的允许范围之内。

对于许多实际应用来说,THD 是一个非常有用的指标,但同时要认识到它的局限性。当畸变电压加在电阻性负荷上时,可以表示出附加的发热功率。同样,由它可给出导体上电流引起的附加损耗。

但是,用它不能很好地表示电容上的电压应力。电压应力与电压的峰值有关,而与发热量无关。

$$THD_I = \frac{\sqrt{\sum_{h=2}^{M} I_h^2}}{I_1} \times 100\%$$

实际上,谐波电压几乎总是相对于基波电压而言的。因为电压往往只有百分之几的变化,所以电压 THD 通常是一个有意义的数据。但对于电流来说,情况则有所不同。较小幅值的谐波电流可能导致较大的 THD 值,而此时电力系统受到的威胁并不大。系统中大多数的监控装置是按上述定义和方法给出 THD 值的,这可能使用户误认为此时的谐波电流是危险的。为解决这一难题,有专家建议,可将 THD 中所采用的基波电流改为基波额定电流的峰值,称为总需量畸变率(TDD),这正是 IEEE 519—2014《电源系统谐波控制的推荐实施规范和要求》中管理规则制订的依据。

57

3.2　供电系统谐波源

供电系统中产生谐波的设备即谐波源,它是具有非线性特性的用电设备。当前,供电系统谐波源按其非线性特性主要分为以下 3 类:

①铁磁饱和型:包括各种铁芯设备,如变压器、电抗器等,其铁磁饱和特性呈非线性。

②电子开关型:主要包括各种交直流换流装置、双向晶闸管可控开关设备以及 PWM 变频器等电力电子设备。

③电弧型:包括交流电弧炉和交流电焊机等。

这些设备,即使供给它理想的正弦波电压,它取用的电流也是非正弦的,即有谐波电流存在。其谐波电流含量基本取决于它本身的特性和工作状况以及施加给它的电压,而与电力系统的参数关系不大,常被看作谐波恒流源。

3.2.1　铁磁饱和装置

该类装置包括变压器和其他带有铁芯的电磁设备以及电机等。其铁芯的非线性磁化特性会引起谐波。

变压器的励磁回路实质上就是具有铁芯绕组的电路。当变压器运行点在铁磁饱和特性曲线"拐点"下方时,铁芯处于线性状态;而当其运行点位于"拐点"上方时,铁芯处于非线性状态,即使外加电压是纯正弦波,电流也会发生畸变,从而产生低次的谐波电流。

单相或三相 Y 形接线中性点接地变压器电流中含有大量的 3 次谐波电流。△形接线和 Y 形接线中性点不接地变压器,可防止像 3 倍频谐波这样的零序性谐波电流的流通。

3.2.2　整流装置

目前,电力系统中最重要的非线性负荷是能产生谐波电流并具有相当容量的功率换流器。换流器是指将电能从一种形态转变成另一种形态的电气设备,如典型的 AC/DC 整流器、DC/AC 逆变器以及变频设备等。各种各样的换流器遍布于电力系统的各个电压等级。

3.2.3　电力机车

电气铁道的电力机车牵引负荷为波动性很大的大功率单相整流

负荷,具有不对称、非线性、波动性和功率大的特点,会产生高次谐波和基波负序电流。

电气铁道的供电一般由电力系统 110 kV 双电源,经铁道沿线建立的若干牵引变电所降压到 27.5 kV 或 55 kV 后通过牵引网(接触网)向电力机车供电。电力机车采用架空接触导线和钢轨之间的 25 kV 单相工频交流电源,经过全波整流后驱动直流牵引电动机。为了减轻其不对称性,各牵引站的高压侧,在接入系统时要进行换相,使负荷尽可能平衡地分配在系统各相上。

电力机车的谐波是经由接触网和牵引变电所的变压器注入电力系统的。接触网应按分布参数考虑,它将影响电力机车注入电力系统电流的谐波含量。

3.2.4　电弧炉

电弧炉炼钢在技术、经济上具有优越性,它在炼钢工业中发展很快。

根据电弧炉的容量及冶炼要求,炼钢周期为 3~8 h。炼钢前的 0.5~2 h 为炉料的熔化期,此阶段电弧极不稳定,电弧电流具有数值大且不平衡、畸变和不规则波动的特点。特别是在熔化期的初期,畸变和波动更为严重。在后一阶段的精炼期,电弧电流比较稳定,波动大为减小,电流的数值相对较小且比较平衡,畸变也较小。

根据对电弧炉实测电流的分析,电弧炉电流中主要含有 2,3,4,5,7 次谐波成分。

交流电弧炉为三相不平衡的谐波电流源,冶炼过程中还有基波负序电流注入系统。此外,三相电流的剧烈波动,会引起公共连接点的电压波动,导致白炽灯闪烁,并对电视机、电子设备产生有害影响,即所谓的电压波动引起的闪变问题。

3.2.5 家用电器

家用电器中有不少电器具含有非线性元件,会有谐波电流产生。随着城市供用电系统的发展和人们生活水平的提高,家用电器给供电系统带来的问题和负面影响已不可忽视。

电视机的谐波特点是谐波的峰值与基波峰值重合,同一相电压供电的多台电视机产生的谐波相位相同,而且同时间的使用率高,造成供电系统谐波增大。有关谐波的实测调查表明,在具有大量电视机负荷的供电系统中,在 20:00 左右电视收看率达到高峰的时间段内,各级电压的谐波畸变率相应升高。此外,在电视机供电系统的中性线内,因 3 次谐波电流相加而使中性线电流大为升高。

习 题

1.波形畸变的基本概念是什么?

2.谐波的定义是什么?

3.谐波有什么影响与危害?

第 4 章　频率质量基础

4.1　频率偏差

频率是电能质量最重要的指标之一。系统负荷特别是发电厂厂用电负荷对频率的要求非常严格。要保证用户和发电厂的正常运行就必须严格控制系统频率,使系统的频率偏差控制在允许范围之内。允许频率偏差的大小体现了电力系统运行管理水平的高低,同时反映了一个国家工业发达的程度。

4.1.1　频率偏差的定义

根据电工学理论,正弦量在单位时间内交变的次数称为频率,用 f 表示,单位为 Hz(赫兹)。交变(含正负半波的变化)一次所需要的时间称为周期,用 T 表示,单位为 s(秒)。频率和周期互为倒数。

交流电力系统是以单一恒定的标称频率、规定的几种电压等级和以正弦函数波形变化的交流电向用户供电的系统。交流电力系统的标称频率分为 50 Hz 和 60 Hz 两种。我国采用 50 Hz 标称频率。所有与电力系统直接相连的电气设备都必须在该频率下才能正常运行,标称频率又称为工作频率,简称工频。

电力系统在正常运行条件下,系统频率的实际值与标称值之差称为系统的频率偏差。

频率偏差属于频率变化的范畴。电力系统的频率变化是基波频率偏离规定正常值的现象。

4.1.2　频率偏差的限值

我国国家标准 GB/T 15945—2008《电能质量　电力系统频率偏差》规定:电力系统正常频率偏差允许值为±0.2 Hz。当系统容量较小时,频率偏差值可以放宽到±0.5 Hz。标准还规定:用户冲击负荷引起的系统频率变动一般不得超过±0.2 Hz。在保证近区电网、发电机组的安全、稳定运行和用户正常供电的情况下,可以根据冲击负荷的性质和大小以及系统的条件适当变动限值。一些经济发达国家允许系统频率偏差为±0.1 Hz,日本允许系统频率偏差达到±0.08 Hz。随着科学技术的发展,现代工业必将大量采用对频率变化十分敏感的新设备,各国对该指标的规定会愈加严格。预计不远的将来,经济发达国家允许的系统频率偏差将达到±0.05 Hz。

4.1.3　频率偏差产生的原因

众所周知,当系统负荷功率总需求(包括电能传输环节的损耗)

与系统电源的总供给相平衡时,才能维持所有发电机组转速的恒定。但是,电力系统中的负荷以及发电机组的出力随时都在发生变化。当发电机与负荷间出现有功功率不平衡时,系统频率就会产生变动,出现频率偏差。频率偏差的大小及其持续时间取决于负荷特性和发电机控制系统对负荷变化的响应能力。

在任意时刻,系统中所有发电机的总输出有功功率如果大于系统负荷对有功功率的总需求(包括电能传输环节的全部有功损耗),那么,系统频率上升,频率偏差为正;系统中所有发电机的总输出有功功率如果小于系统负荷对有功功率的总需求,系统频率则下降,频率偏差为负。只有在发电机的总输出有功功率等于系统负荷对有功功率总需求的时候,系统的实际频率才是标称频率,频率偏差才为零。

电力系统的大事故,如大面积甩负荷、大容量发电设备退出运行等,会加剧电力系统有功功率的不平衡,使系统频率偏差超出允许的极限范围。系统有功功率不平衡是产生频率偏差的根本原因。

4.1.4　频率偏差过大的危害

频率偏差过大对用电负荷以及电力系统的安全稳定和经济运行造成很大的危害。

(1)系统频率偏差过大对用电负荷的危害

①产品质量没有保障。工业企业所使用的用电设备大多数是异步电动机,其转速与系统频率有关。系统频率变化会引起电动机转速改变,从而影响产品的质量,如纺织、造纸等工业因频率的下降而

出现残次品。

②降低劳动生产率。电动机的输出功率与系统频率有关。系统频率下降使电动机的输出功率降低,从而影响所传动机械的出力(如机械工业中大量的机床设备),导致劳动生产率降低。

③使电子设备不能正常工作,甚至停止运行。现代工业大量采用的电子设备如电子计算机、电子通信设施、银行安全防护系统和采用自动控制设备的工业生产流水线等,对系统频率非常敏感。系统频率的不稳定会影响这些电子设备的工作特性,降低准确度,造成误差。例如,频率过低时,雷达、计算机等设备将不能运行。

(2)系统频率偏差过大对电力系统的危害

①降低发电机组效率,严重时可能引发系统频率崩溃或电压崩溃。火力发电厂的主要设备是水泵和风机,它们由异步电动机带动。如果系统频率降低,电动机输出功率将以与频率成三次方的比例降低,它们所供应的水量和风量就会迅速减少,从而影响锅炉和发电机的正常运行。当频率降至临界运行频率 45 Hz 以下时,发电机的输出功率明显降低。一旦发电机输出功率降低,系统频率会进一步下降,形成恶性循环,最终导致系统因频率崩溃而瓦解。此外,频率下降,即发电机的转速下降时,发电机的电动势将减少,无功功率出力降低,电力系统内部并联电容器补偿的出力也随之下降,而用于用户电气设备励磁的无功功率却增加,促使系统电压随频率的下降而降低,威胁系统的安全稳定。当频率低至 43~45 Hz 时,极易引起电压崩溃。

②汽轮机在低频下运行时容易产生叶片共振,造成叶片疲劳损伤和断裂。

③处于低频率电力系统中的异步电动机和变压器其主磁通会增加,励磁电流随之加大,系统所需无功功率大为增加,导致系统电压水平降低,给系统电压调整带来困难。

④无功补偿用电容器的补偿容量与频率成正比。当系统频率下降时,电容器的无功出力成比例降低。此时电容器对电压的支撑作用受到削弱,不利于系统电压的调整。

⑤频率偏差过大使感应式电能表的计量误差加大。研究表明:频率改变 1%,感应式电能表的计量误差约增大 0.1%。频率加大,感应式电能表将少计电量。

4.2　电力系统频率调整及控制

电力系统在正常运行方式下,通过改变发电机的输出功率使系统的频率变动保持在允许偏差范围内的过程,称为频率调整。频率调整是电力系统运行调整的基本任务之一。电力系统在非正常运行方式下,针对频率异常所采取的调频措施属于频率控制。本书仅就频率调整和频率控制措施作简单介绍。

4.2.1　电力系统频率调整

频率调整包括频率的一次调整和二次调整。频率的一次调整是指利用发电机组的调速器,对变动幅度小(0.1%~0.5%)、变动周期短(10 s 以内)的频率偏差所作的调整。所有发电机组均装配调速器,电力系统中投运的所有发电机组都自动参与频率的一次调整。频率的二次调整是指利用发电机组的调频器,对变动幅度较大(0.5%~1.5%)、变动周期较长(10 s~30 min)的频率偏差所作的调整。担任二次调整任务的发电厂称为调频厂,担任二次调整任务的发电机组称为调频机组。一般在全系统范围内选择1~2个发电厂作为主调频厂,负责全系统频率的二次调整,另外选择几个发电厂担任辅助调频厂。只有当系统频率超过某一规定的偏差范围时,辅助调频厂才参与频率的二次调整。满足以下条件的发电厂(机组)宜选作调频厂(机组):

①有足够的可调容量和调整范围。

②机组调整速度快。

③调频输出的功率满足系统安全稳定要求,同时经济性能好。

电力系统中常用的大容量发电机组分为3类:水轮发电机组、火力发电机组和核电发电机组。水轮发电机组输出功率的调整范围较大,一般可达额定容量的50%以上,机组调整速度很快,其调整上升速度可达80~100 MW/min。从空载到输出额定功率可以在1 min内完成,而且操作安全、便捷。火力发电机组的调整范围受锅炉和汽轮机技术上允许的最小负荷的限制。中温中压锅炉的最小技术负荷为额定容量的25%;高温高压锅炉约为额定容量的70%;汽轮机为额定容量的10%~15%,且受汽轮机各部分热膨胀的限制。火力发电机组输出功率的调整范围有限。此外,当输出功率在50%~100%额定功率范围内时,火力发电机组以每分钟上升2%~5%额定容量的调整速度输出功率。这样的速度不能满足系统高峰负荷快速变化的需要。装机容量为5 000 MW的电力系统,其日高峰和晚高峰负荷的平均变化率为15~20 MW/min。装机容量大于30 000 MW的电力系统,日高峰负荷的平均变化率约为50 MW/min,晚高峰负荷的平均变化率则高达 100 MW/min。核电发电机组的发电效益显著,适合长期、稳定地以额定功率发电。在枯水季节,电力系统一般选择水电厂作为主调频厂,效率较低的汽轮发电机组担任辅助调频机组;在丰水季节,为了充分利用水力资源,避免弃水,一般水轮发电机组以额定功率发电,选择中温中压凝气式汽轮发电机组作为主调频机组,高温高压凝气式汽轮发电机组作为辅助调频机组。

抽水蓄能机组是一种特殊形式的水轮发电机组。当系统处于低谷负荷期间时,抽水蓄能机组工作在抽水电动机工况。此时,机组吸收系统多余的电能,把下水库的水抽到上水库,将电能转化为水的势能储存起来。当系统处于高峰负荷期间时,抽水蓄能机组工作在水轮发电机工况。此时,机组利用上水库的水进行发电,将水的势能转化为电能输送到系统。

频率的二次调整可经运行人员手动操作或依靠自动装置来完成,分别称为手动调频和自动调频。

4.2.2 电力系统频率控制

电力系统在非正常运行方式下,系统频率会出现异常,严重偏离额定频率。如果不采取及时有效的控制措施,系统频率可能崩溃,使电力系统及工业经济遭受重大损失,给人民生活造成不便。

电力系统在以下情况下可能出现频率异常:

①故障后系统失去大量电源,或系统解列,且解列后的局部系统有功功率失去平衡。

②气候变化或意外灾害使负荷发生突变。

③在电力供应不足的系统中缺乏有效控制负荷的手段。

④在高峰负荷期间,发电出力的增长速度低于负荷的增长速度;在低谷负荷期间,发电最小出力大于总负荷。

⑤大型冲击负荷造成的频率波动。周期性或非周期性地从电网中取用快速变动功率,使系统频率和电压产生波动的负荷统称为冲击负荷。冲击负荷占系统总负荷的比例越大,对系统频率和电压的影响越严重。这类负荷包括轧钢机、电弧炉、电气化铁路等。

系统频率异常时一般采取以下频率控制措施:

①电力系统应当具有足够的负荷备用和事故备用容量。一般分别按最大负荷的5%~10%和10%~15%配备系统的负荷备用和事故备用容量。电力供应不足的系统,必须事先限制一部分用户的负荷,除使发电出力与负荷平衡外,还需要留有一定的裕度。

②在调度所或变电所装设直接控制用户负荷的装置,并备有事故拉闸序位表。

③在系统内安装按频率降低自动减负荷装置(又称自动低频减载装置)和在可能被解列而导致功率过剩的地区装设按频率升高自动切除发电机(又称自动高频切机装置)等。当系统出现事故引起系统频率降低到超出允许偏差值时,通常最有效的措施是按频率自动减负荷。自动低频减载装置是每个系统都必须配置的最主要的安全自动装置,广泛安装在发电厂和变电所中。当系统频率降低到该装置的动作值时,它会自动切断一条或数条供电线路(或负荷),从而达到自动切除部分用电负荷的目的。切除用电负荷的总数应与系统发生各类事故时可能出现的最大功率缺额相适应,一般为最大发电负荷的30%~40%。被切除的用电负荷应合理分配在各个地区电力系统中,并且应该是比较次要的或停电后不会造成设备损坏或不致造成人身伤亡的负荷。

对上述频率偏差和电压偏差的各种调整措施进行比较后,可知频率调整与电压调整具有以下差异:

①全系统频率相同,而系统中各节点的电压却各不相同。

②系统频率质量主要由系统有功功率平衡状况决定,而系统电压质量则主要由系统无功功率平衡状况决定。

③调整频率只有改变发电机组原动机功率这唯一的措施,而调整电压的措施却较多。例如,发电机调压、改变变压器变比调压、改变线路参数调压,以及加装同步调相机、并联电容器和电抗器等。此外,电压调整设备的安装场地不仅设在发电厂,而且分散在系统中各处,如置于各级变电所或开关站中,或置于用户变电所内等。

习　题

1.什么是频率偏差?

2.频率偏差产生的原因是什么?

3.电力系统的频率如何调整?

第 5 章 电能质量控制技术

5.1 滤波补偿技术

电力谐波的抑制或减缓措施通常可分为预防性措施和补偿性措施两种。预防性措施包括：①供电设备（如电容器、变压器、发电机等）在设计、制造、配置等方面采取减少谐波的措施；②通过增加整流器的脉动数或采用可控整流来限制电力谐波的主要来源——整流器的谐波。补偿性措施包括：①改变馈线参数；②采用滤波器。

5.1.1 电源设备与谐波控制

通过对供电类设备的输出侧进行滤波和无功功率补偿，从而尽可能减小电源设备的输出谐波。补偿方案主要有以下 3 个方面：

（1）发电机与谐波控制

对于作为电力系统电源的同步发电机来说,提供符合标准的正弦波形电能是对它的基本要求。然而,由于气隙的磁场实际上不完全按正弦分布,产生的感应电动势中必然存在各种谐波,因此,在发电机制造上,有一系列的措施可用来消除或减小谐波电动势。

①在三相发电机中,各相基波电动势相位互差 120°,而各相的 3 次谐波电动势相位相差 3×120° = 360°,均为同相。在星形连接时,线电动势中不可能出现 3 次谐波电动势。同理,次数为 3 的倍数的各奇次谐波也不可能在线电动势中出现。现代同步发电机多采用星形连接。

②凸极同步发电机采用适当的极靴宽度和不均匀的气隙长度（磁极中心气隙较小,磁极边缘气隙较大）,可使气隙磁场的波形尽可能接近正弦分布。

③采用短距绕组。谐波电动势与其节距因数成正比,如要消除某次谐波电动势,可令该次谐波节距因数为零。当磁场不为正弦分布时,线电动势中的谐波主要成分是 5 次和 7 次谐波,短距绕组主要考虑消除这两种谐波。

④绕组的分布。随着每极每相槽数的增加,基波分布因数减小很少,接近 1;而谐波分布因数减小很多,从而改变了电动势波形。一般交流发电机每极每相槽数取 2~6 个。

⑤水轮发电机等多极发电机,转子励磁绕组常采用分数槽绕组,实现了极对与极对间的分布,减小了磁势中的谐波分量。

采用以上措施后,目前发电机的谐波电动势畸变率小于 1%,一般可忽略不计。

(2)变压器与谐波控制

电力变压器通过其绕组的巧妙连接,可有效减少某些次数的谐波,如三角形连接的变压器可有效消除 3 次及其倍数次谐波。高次谐波对工作在工频的电力变压器有一系列的危害。工频变压器用于谐波超标环境时,一种简单的应急措施是加大中性线的尺寸和降低变压器的容量。但这并非是经济地、长期地解决问题的办法,有效的措施是采用所谓的 K-标准变压器。这种变压器专为在谐波环境中应用而设计,它具有下述特点:

①磁密较低,以防止谐波造成的过电压。

②一次侧绕组与二次侧绕组间增设屏蔽层,以减缓高频谐波的传递。

③中性线导体的尺寸是每相导体的两倍,以承载 3 次及其倍数次的谐波电流。

④导体采用多股绞线,以减少高频电流集肤效应的影响。

(3)电容器的配置与谐波控制

电容器的配置与配电系统谐波的特性有关。电容器安装位置不同,安装点与电源间的感抗就不同,所引发谐振的频率也不同。选择合适的安装地点,可有效避免与电源电抗相互作用而发生并联谐振。

5.1.2 整流设备与谐波控制

整流设备由于晶闸管等半导体器件的引入,导致了电压与电流

不再呈线性关系,这将会对电网注入大量谐波,因此对整流设备的谐波补偿就变得至关重要。补偿方案主要有以下 3 个方面:

(1)增加整流装置的脉动数

整流装置产生的特征谐波电流次数与脉动数 P 有关,$h = kP \pm 1$($k = 1, 2, 3, \cdots$)。当脉动数增多时,整流器产生的谐波次数也增高,而谐波电流近似与谐波次数成反比。一系列次数较低、幅度较大的谐波得到消除,谐波源产生的谐波电流将减小。

(2)PWM 整流器

随着全控器件的推广应用,基于 PWM 控制技术的整流器得以实用化。实际上,这种模式的整流器已不只用于整流,还可作为有源逆变器工作,将直流电能回馈给交流系统。

(3)功率因数校正技术

功率因数校正技术(Power Factor Correction, PFC)既可用于单相整流电路,又可用于三相整流电路。单相功率因数校正器具有两种运行模式:一种是输入侧电流连续导通模式(CCM);另一种是输入侧电流不连续导通模式(DCM)。

5.1.3　交流滤波器

电容元件与电感元件按照一定的参数配置、一定的拓扑结构连接,可形成无源滤波器,能够有效滤除某次或某些次的谐波。理论上讲,当某次谐波滤波器调谐到该频率时,滤波器所呈现的阻抗为零,能够全部吸收该次谐波。

(1)单调谐滤波器

单调谐滤波器通常以调谐频率为出发点进行设计。在理想调谐情况下,调谐频次的谐波电流主要通过低值电阻来分流,很少流入系统中,系统中的该次谐波电压大为降低。但实际上,滤波器在运行过程中往往会产生失谐问题,影响滤波器的滤波效果。

(2)双调谐滤波器

双调谐滤波器是调谐到两个串联谐振频率的滤波器,由串联谐振和并联谐振回路串接而成。在双调谐滤波器中,并联电阻可起到防止过电压、降低并联谐振幅值、降低滤波器间及滤波器与系统间发生谐振的可能性,并可使滤波器获得较好的高通滤波性能等。但并联电阻加大了两串谐点附近的阻抗,对低次谐波的滤波效果有所影响,增加了谐波有功损耗。并联电阻应根据过电压实验或经验选取阻值,并同时考虑滤波等的要求。

对于高电压、大容量的滤波与无功功率补偿来说,采用双调谐滤波器代替两个单调谐或高通滤波器,具有技术上和经济上的优越性。但双调谐滤波器构成复杂、调谐困难,在较低电压时是否应用,应通过相应的技术经济比较来决定。

（3）二阶减幅滤波器

二阶减幅滤波器是在实际工程中应用较广泛的高通滤波器。高通滤波器的阻抗是一个与它的电阻同数量级的低阻抗，从而使得高通滤波器对截止频率以上的高次谐波形成一个公共的电流通路，有效滤除这些谐波。对大容量的谐波滤除工程，往往采用若干组单调谐滤波器与一组（或多组）高通滤波器配合使用的方案。为了与单调谐滤波器配合，高通滤波器的截止谐波次数应比单调谐滤波器滤除的最高滤波次数至少大 1，以免高通滤波器过多地分流单调谐滤波器的谐波。同时，截止谐波次数也不应选得过低，以免有功功率损耗增加太大。

75

5.1.4 有源电力滤波器

有源电力滤波器（Active Power Filter，APF）是一种用于动态抑制谐波、补偿无功的新型电力电子装置，它能够对不同大小和频率的谐波进行快速跟踪补偿，可以主动输出并控制电流的大小、频率和相位，并且响应快速，既可以补偿谐波，又可以补偿无功和三相不平衡。

随着全控型功率器件技术的进步及越来越多敏感负荷对滤波效果要求的提高，有源电力滤波器开始受到人们的重视。

有源电力滤波器实质上是一个与负荷谐波电流及基波无功电流反相位的特殊补偿电流源，它由 4 个部分组成，即无功电流或谐波成分检测部分、控制系统、逆变电源和输出部分。其工作原理如图 5.1 所示。

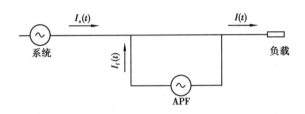

图 5.1　有源电力滤波器的工作原理

有源电力滤波器采用与交流滤波器完全不同的原理,通过产生与补偿谐波形状一致、相位相反的电流,来抵消非线性负荷产生的谐波电流,以使谐波不流入公共供电回路。即负荷需要的谐波由补偿装置提供,系统只提供基波电流,达到消除谐波的目的。

5.2　无功补偿技术

无功补偿的目的有:改善电压调整;提供静态和动态稳定;降低过电压;减少电压闪变;阻尼次同步震荡;减少电压和电流的不平衡。在电力系统中,常见的无功补偿方法有同步调相机、并联电容器、并联电抗器和静止无功补偿器等。

5.2.1　并联电容器

系统中的并联电容器,提高了容性负载,从系统的电容功吸收,相当于发出感应功,满足电路的感性负载电感的功率需求,达到无功补偿的目的。使用电容器的功率补偿,一次性投资和运行成本相对较低,安装调试简单,损耗低,效率高(0.02%只损失本身的能力),可以集中使用,又可以分散安装。并联电容器的电源电压和节点功率的平方成正比($Q_C = U^2/X_C$),当节点电压下降时,需要增加功率,降低

供电系统的反应。换句话说,补偿效果,改变系统电压,电容器的补
偿效果不理想。

5.2.2　并联电抗器

并联电抗器一般接在超高压输电线的末端和地之间,起无功补
偿作用。用电负载大多数为感性,当感性负载较大时会削弱或消除
这种线路的末端电压升高现象。但负载是随时变化的,当负载较小
或末端开路时就会出现工频过电压。工程中解决这一问题的常用方
法是在线路中并联电抗器,即并联电感。并联电抗器可以补偿线路
的容性充电电流,限制系统电压升高和操作过电压的产生,保证线路
的可靠运行。

5.2.3　静止无功补偿器

静止无功补偿器(SVC)是第二代无功补偿装置,它被广泛用于输
电系统波阻补偿及长距离输电的分段补偿,也大量用于负载无功补
偿。SVC 常用的有以下几种形式:固定电容加晶闸管控制电抗器型
(FC+TCR)、晶闸管开关电容器型(TSC)、饱和电抗器型(SR)以及混
合型(TCR+TSC)。

5.3　电压波动与闪变抑制技术

电压波动与闪变通常由具有一定统计特征的波动性或冲击性负
荷造成。电压波动与闪变的程度,与供电系统短路容量的大小、供电

网络的结构以及负荷的用电特性等有关,电压波动与闪变的抑制必然要从用电设备特性的改善、供电能力的提高以及补偿设备的采用等方面采取相应措施。

5.3.1 用电设备特性的改善

电压波动与闪变主要是由周期性或近似周期性的负荷突变造成的,如频繁起停的大型电动机、功率冲击性电弧炉等用电设备。抑制电压波动与闪变最有效的方法就是改善这类用电设备的特性。

(1)异步电动机启动方式的改善

工业企业中大量使用的机械负荷驱动电机为异步电动机。一般可以通过降压、串接电阻等方式实现电动机启动特性的改善。

①降压启动。降压启动是降低直接加在定子绕组上的电压的一类启动方法。常用的有星三角变换、自耦补偿启动及电抗降压启动等。

②串接变阻器启动。绕线式异步电动机可通过在转子绕组中串接启动变阻器来启动。变阻器可以采用金属电阻丝制成,采用频敏电阻实现。

上述两种改变转子等效电阻的启动方法既可减小启动电流,又能增大启动转矩,常用于功率较大的重载电动机的启动。

③软启动。随着电力电子技术的不断进步和发展,大功率开关器件控制电动机启停成为可能。电动机软启动就是在此基础上产生并逐渐发展起来的,且其容量逐渐增大,功能不断扩充,实用性与可

靠性逐步提高。电动机软启动具有诸多优点,在电动机启停控制方面获得越来越广泛的应用。

(2)电弧炉特性的改善

电弧炉的供电主回路在冶炼过程的起弧和穿井两个阶段中,电弧是在电极与炉料之间燃烧的。一方面,冷料不易起弧;另一方面,炉料间存在空隙,不同炉料的导电率不同,这就使电弧的位置、强度都很不稳定,会对供电系统造成剧烈的功率冲击。供电主回路中需要通过装设电抗器对冲击电流进行控制。

5.3.2　供电能力的提高

通过供电方式的改造,如架设专用线路等可以有效降低电压波动与闪变问题的严重程度。然而,这种方法通常需要付出很高的代价,需要经过全面衡量投资与效益的关系来决定是否采用。通过提高供电能力来缓解电压波动与闪变的措施如下:

①为大容量波动性负载架设专用线路。通常,最好的缓解效果可通过两个独立电源分别向波动性负载和普通负载供电得到,一般将大容量波动性负荷用户接到较高电压等级的供电系统。

②采用母线分段或多设配电站的方法将波动性负荷与普通负荷适度隔离,限制同一回供电回路的馈线数。

③对易受扰动的灵敏负荷,在其附近安装一台电源设备。该电源设备能够在一定电气距离之外的负荷发生波动时保持所需的电压水平。随着分散发电技术的发展,这种方案具有经济上的可行性。

5.3.3 补偿措施的采用

无功补偿可以提高电网的功率因数,降低供电变压器及输送线路的损耗,提高供电效率。无功功率补偿装置在电力供电系统中处在非常重要的位置。合理地选择补偿装置,可以最大限度地减少电网的损耗,提高电网供电质量。常用的无功功率补偿主要分为以下3类:

(1)静态无功补偿器

波动性、冲击性负荷造成的电压波动与闪变,其实质为无功功率的不平衡。具有快速无功功率补偿控制功能的装置能够对电压波动与闪变起到很好的抑制作用。静止无功补偿器(Static Var Compensation,SVC)是近几年发展起来的一种动态无功功率补偿装置。它的特点是调节速度快、运行维护工作量小、可靠性较高。

静止无功补偿器基于电力电子技术及其控制技术,将电抗器与电容器结合起来使用,实现无功补偿的双向、动态调节。SVC 依据结构的不同,通常可分为具有饱和电抗器的静止补偿器、晶闸管投切电容器(TSC)、带固定电容器的晶闸管控制电抗器等。对电压波动抑制有重要作用的 SVC 如下:

①具有饱和电抗器的静止补偿器。

②电容器组与晶闸管可控电抗器并联形成的静止无功补偿器。

③可控电容与可控电抗组成的静止无功补偿器。

(2) 静止无功发生器

随着 GTO、IGBT、IGGT 可自关断电力电子器件的快速发展，无功补偿设备的原理、构造及特性正在发生巨大的变化。基于可自关断电力电子器件实现的静止无功发生装置 (Static Var GeneratoⅠ, SVG，又称为 STATCOM 或 STATCON)，具有控制特性好、响应速度快、体积小、损耗低等优点，并开始在工业现场获得推广应用。

从以上分析可知，SVG 通过可控电压源方式实现无功功率的动态补偿。SVG 较传统的 SVC 具有以下优点：

①具有更好的出力特性。

②采用 PWM 控制，具有更快的响应特性。

③在 SVG 中，无功调节不是通过控制容抗或感抗的大小实现的，无须直接与系统连接的电容器或电抗器，不存在系统谐振问题，而且大大减小了设备的体积。典型设备比较表明：在相同容量情况下，SVG 体积约为 SVC 的 1/3。

④三相的出力可以各自独立地进行控制，可以用于三相不平衡负荷的动态补偿。

⑤具有有源滤波器的特性，可以用于需要有源滤波的场合。

(3) 补偿率和改善率

补偿器抑制电压波动与闪变的能力，主要取决于补偿器的额定容量 (或无功功率补偿率) 和响应时间。在工程上，常根据要解决的问题来选定无功功率的定义和测量方法，在确定补偿器的补偿容量时要予以注意。

当波动性负荷的无功功率急剧变动时,所安装 SVC 的响应时间对闪变改善率影响较大。

补偿设备的动态响应时间比 10 ms 更长时,几乎不能有效地抑制电弧炉引发的闪变。对不同的补偿设备,有不同的闪变改善特性。在具体设计时,应根据不同的补偿设备及负荷波动来确定补偿器的容量及响应时间。

5.4 电压暂降和短时间电压中断抑制技术

电压暂降和短时间电压中断属于电压瞬变电能质量的范畴。电压瞬变电能质量问题通常表现为偶发性的电压暂降、电压暂升、相位跳变、短时间电压中断等电压质量问题。其中,暂降又称为骤降或凹陷,是较为普遍、危害较大的一类动态电压质量问题,和解决其他电压瞬变问题具有互通性。

5.4.1 电压暂降缓解对策的概述

电力系统短路故障是造成电压暂降和短时间电压中断的主要原因。短路故障通常包括单相与地、两相或多相之间或与地经阻抗或直接连接形成短路。在故障点,电压幅值可能降到很低的水平,在一定区域内,常常造成一些用户的电压发生暂降。如果故障发生在系统的辐射方式配电区域,保护动作将导致供电电压中断;如果设备与故障发生地点距离较远,则短路故障可能只造成电压暂降;如果故障严重到一定程度,用电设备将会跳闸。当然,不只是短路故障会导致设备跳闸,其他一些事件,如电容器投切、电动机启动等负荷冲击也可能造成电压暂降,导致用电设备跳闸。

采取措施包括以下几个方面:

①减少故障数目,缩短故障切除时间。

②改变系统设计,使得短路故障发生时用户设备处的电压扰动最小。

③在供电网络与用户设备之间加装缓解设备。

④提高用电设备对电能质量问题的抵御能力。

5.4.2　配电系统规划与电压暂降的抑制

配电系统的结构对用户遭遇电压暂降的次数和强度有很大影响,电压暂降的次数和强度取决于系统获得备用电源的速度。如果供电系统具有备用电源且是通过固态开关切换方式来获得备用电源,则用电设备仅遭受较弱的电压暂降;如果供电系统没有备用电源或通过其他方式切换电源,则用电设备将遭受严重的电压暂降甚至电压中断。

(1)多电源供电方式的采用

多电源供电方式是指对重要负荷,其连接的母线由两条或更多的较高电压的母线供电。

（2）母线分段并增设电抗器

采用母线分段或多设配电站的方法来限制同一回供电母线的馈线数,并在系统中的关键位置安装限流线圈来增加与故障点间的电气距离,可有效提高敏感负荷在电压暂降发生时的电压幅度。这种方法可能会使某些用户的电压暂降更加严重。

（3）自备电源

用户可能在下述两种情况下考虑装设自备电源:

①本地发电比从电力公司买电便宜,特别是通过热电联产（CHP）方式,能获得更佳的经济效益。

②通过自备电源来防范供电电压中断、减轻电压暂降、提高供电质量。一些大型企业甚至能够脱离电力系统,通过自备电厂独立运行。同样,医院、学校、政府部门也常拥有一台备用发电机,当电力系统供电电压中断时接替供电任务。

5.4.3　配电系统与用电设备接口处的补偿措施

电力系统与用电设备的接口处是安装减少电压暂降补偿设备最常见的位置。补偿技术最常用的手段是通过有功和无功的注入来补偿供电系统有功和无功的减少。现代补偿设备几乎全部基于电力电子技术,采用电压源型变换器为基本模块来实现。

(1) 电压源型变换器

大多数现代电压暂降补偿措施是在电力系统与用电设备接口处安装电压源型变换器(Voltage Source Converter, VSC)。这类变换器能够产生所需的任意频率、幅度及相位的补偿电压。这类变换器已广泛应用于交流变频调速器及不间断供电电源中。在电压暂降补偿中,它可以起到暂时替代供电电源或补偿电压跌落的作用。

(2) 动态电压调节器

串并联组合式 DVR 装置从总体上讲可分为两类:基于相电压补偿、各相相互独立的相电压补偿(Phase Voltage Compensation, PVC)型 DVR 和基于线电压补偿、各相相互关联的线电压补偿(Line Voltage Compensation, LVC)型 DVR。这两种电路的拓扑结构主要区别在于:前者具有各相相互独立、能够单独控制、可补偿零序电压等特点,但存在所需功率器件多、系统体积大、各相间不易实现功率交换等问题;后者则具有结构紧凑、功率器件少、易处理电压泵升问题等优点,但存在无法补偿零序电压等问题。中压配电系统普遍采用中性点不接地系统,且许多三相负载为无中性线的对称负载,线电压补偿型 DVR 具有广泛的应用场合。

(3) DVR 应用实例及前景

自 1996 年第一台 DVR 在美国南卡罗来纳州安装以来,世界各地已有多台 DVR 安装在敏感负荷的供电回路中。DVR 的运行为那些对电能质量有较高要求的厂家增加了巨大的经济效益。从事 DVR 设备开发的公司包括世界多个著名公司,如美国西屋公司、瑞典 ABB 公司、德国西门子公司、日本明电舍公司等都开发出了自己的产品。这里以德国西门子公司开发的柱上安装式 DVR PM 为例说明 DVR 的应用情况。DVR PM 通常用于由架空线供电的小型敏感负荷的电压暂降补偿,设备安装在属于供电方的两个电线杆上。该设备在设计上具有体积小、质量轻、采用分层式结构的特点。DVR PM 可用于三相三线制或三相四线制配电系统,电压有从 15 kV 到 34.5 kV 的各种电压等级,频率可以是 50 Hz 或 60 Hz,DVR PM 能够补偿的电压暂降为 50%,电压暂升为 10%。补偿系统的响应时间小于 2 ms 或 1/8 ~ 1/10 周波,可以满足几乎所有敏感负荷的保护要求。该设备的最大补偿功率为 600 kV · A。该设备具备的静态补偿能力能够有效平缓线路无功补偿、变压器有载调压等造成的电压变动。DVR PM 配置了过负荷及短路故障时的过流保护,这种过流保护能力是通过在串接变压器一次侧并联混合式断路器实现的。所谓混合式断路器,是由真空式机械开关与电力电子式开关并联组合而成的。混合式断路器利用电力电子开关的动作快速性和机械式开关的无功耗特性,使电路既开合迅速又损耗极小。与混合式断路器配套的设备通常还包括用于隔离 DVR 的熔断器及手动隔离开关。

随着信息技术、控制技术及电力电子技术在用电领域的普及,敏感负荷不断增多,负荷对供电质量的要求越来越高。另外,信息技术、控制技术及电力电子技术的发展也为高可靠性、低价格的 DVR 的实现创造了条件。可以预知,DVR 将在未来的电能质量控制中发挥重要的作用。

5.5　供电可靠性分析技术

电力系统可靠性是指电力系统按可接受的质量标准和所需数量不间断地向电力用户供应电力和电能能力的量度,包括充裕度和安全性两个方面。电力系统可靠性可分为发电系统可靠性、输电系统可靠性、配电系统可靠性和发电厂变电所电气主接线可靠性等。

电力系统的可靠性通过一系列概率性指标体现。常用的指标有概率指标、频率指标、持续时间指标和期望值指标。

5.5.1　供电可靠性存在的问题

供电可靠性存在的问题主要体现在以下 5 个方面:

①网络结构方面:网络的结构型式,是否为多回路、多电源或环网等网络的联络方式;供电半径是否合理等。

②设备方面:设备的设计、技术性能、制造和安装质量;设备老化程度及更新;设备自动化程度;线路的传输容量及设备裕度;继电保护和自动装置动作的正确性。

③运行维护和管理方面:设备运行和操作能力水平;检修质量及试验水平;带电作业的水平和能力;处理停电故障能力;通信联络方式;计划停电安排的合理性;人员的素质水平及培训工作。

④环境方面:地理条件;自然现象和环境影响的防护水平;社会环境条件及宣传工作情况。

⑤负荷及上、下级网络方面: 负荷高低及分布情况;负荷的增长;

87

上、下级网络的影响,包括电源容量、网络结构、性能和管理水平等。

5.5.2　影响配电网供电可靠性的因素

①配电网电气设备故障与配网线路故障。

②配电网网架结构不合理。

③配电线路管理水平落后。

5.5.3　提高配电网供电可靠性的措施

①建立健全管理制度。

②加强运行维护管理。

88

③提高设备质量,缩短检修时间。

④积极改进工作措施。

习　题

1.滤波补偿的方法有哪些?

2.无功补偿的方法有哪些?

3.影响配电网供电可靠性的因素有哪些?

第 *6* 章　电能质量典型案例分析

6.1　某皮革制品厂电能质量改造案例

6.1.1　系统结构

400 kV·A(估算)油浸式变压器系统结构如图 6.1 所示,其主要负荷为大量变频器类设备,配备 200 kvar 静态无功补偿装置。

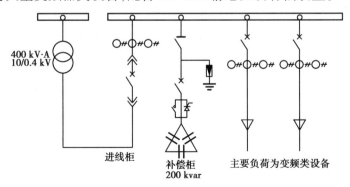

图 6.1　系统结构示意图

6.1.2　补偿配置

补偿配置见表6.1。

表 6.1　补偿配置

补偿容量/kvar	分组	电容器电压等级/V	电抗器电抗率	投切方式
200	25×8	450	无	复合开关

6.1.3　问题及分析

无功补偿装置无法投入,直接导致功率因数长期不达标,存在电力调费罚款问题。

(1)现场照片

补偿装置如图 6.2 所示,其外观无明显损坏,但均未自动投入使用,控制器显示谐波电流超限报警(约 40%),处于保护状态,所有补偿回路闭锁输出。

(2)系统分析

该台变压器下有大量变频类设备,根据其工作特性,系统中将产生大量的谐波电流,经仪器现场测试数据,得到如图 6.3—图 6.5 所示的时间曲线。

（a）　　　　　　　　　　　　　　（b）

图 6.2　现场照片

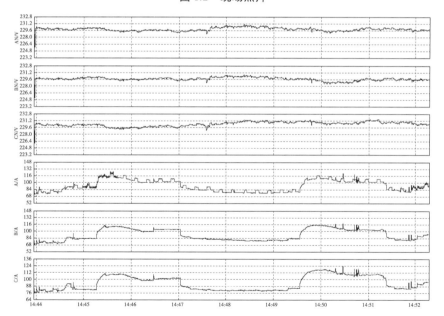

图 6.3　电压电流时间曲线

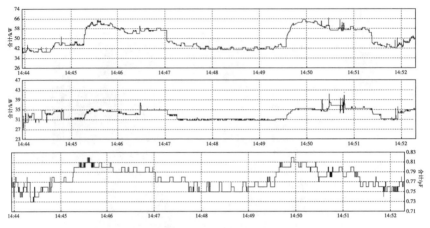

图 6.4　功率时间曲线

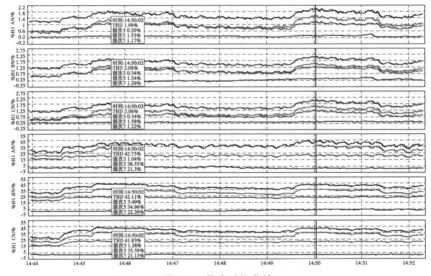

图 6.5　谐波时间曲线

数据解析：

①系统平均功率因数为 0.77 左右,大幅低于 0.9 的国家标准,将导致较高比例的电力调费罚款。

②功率时间曲线和谐波时间曲线显示,系统谐波将随着负荷率上升而增加,测试时段为低负荷期,一旦负荷率上升,谐波含量将更高。

③测试时段总谐波电流畸变率高达 40%,这与控制器显示是一致的。

(3)谐波的危害

①对供电变压器的危害。电流的趋肤效应会增加铜损,高频涡流会增加铁损,这会使变压器发热增加,温升变高,谐波所引起的额外损耗会导致变压器的基波负载容量下降,效率降低,甚至烧毁变压器。

②对电动机的危害。电流的趋肤效应会增加铜损,高频涡流会增加铁损,这会使电动机发热增加,温升变高,谐波所引起的额外损耗会导致电动机的效率降低,影响电动机正常运行。

③对供电电缆的危害。电流的趋肤效应会增加铜损,使供电电缆发热增加,过热,效率降低,甚至烧毁电缆。

④对电子设备的危害。高频谐波的影响使电子设备受到干扰,产生误动作或操作不正确。

⑤对补偿电容器的危害。谐波电流的存在可能产生并联谐振,造成电容器过载,甚至烧毁电容器或根本不能投入使用。

(4)补偿柜存在的问题

①方案设计不当。现场补偿采取单电容+复合开关模式,这将导致单电容对谐波起放大作用,在未投入补偿的情况下总谐波电流畸变率达到 40%左右,电容投入后将进一步加重这种情况,严重危害系统及装置自身安全。同时,经过大量现场验证,复合开关在重谐波环境下的使用效果较差,易出现故障导致烧坏。

②电容器选型错误。针对含有大量变频器的重谐波场所应使用电压等级至少 480 V 以上的滤波型电容器,现场使用的 450 V 常规补偿电容器在重谐波环境下运行,寿命将大幅缩短,严重的会导致鼓肚、炸裂等现象。

总之,现场谐波含量过高,导致控制器保护闭锁,造成系统功率因数低下。如果取消保护,强行将电容器投入有可能造成谐波放大、谐振等安全事故。为保证现场功率因数需求及补偿的安全运行,需要进行专项滤波补偿改造。

6.1.4 改造方案

综合分析,要实现标本兼治,需要整体实施改造方案。根据用户的现场改造空间(800 mm×600 mm×2 200 mm 柜体)及负载使用情况,改造补偿容量可适当减少,间接增大散热空间的同时,保证装置运行的稳定性。

(1)方案一

原有柜体整体改造,保留主刀开关,改造容量 120 kvar。
主要元件参数:
①调谐滤波组参数:480 V   7%(INNV 系列)。
②分组路数:30×2+60×1。
③投切开关:交流接触器(谐波裕量选型)。
④控制器:INNV-D5-12。
方案效果:选用滤波型元器件,提高了装置的整体抗谐性能,谐波环境下运行有更高的安全裕度,降低变频器产生的 5,7 次谐波,并

保证系统电流≤400 A 的情况下功率因数可达到 0.9 以上,消除电力调费罚款装置,可稳定运行。

(2)方案二

原有柜体整体改造,保留主刀熔开关,改造容量 180 kvar。

主要元件参数:

①调谐滤波组参数:480 V　7%(INNV 系列)。

②分组路数:30×2+60×2。

③投切开关:交流接触器(谐波裕量选型)。

④控制器:INNV-D5-12。

方案效果:选用滤波型元器件,提高了装置的整体抗谐性能,谐波环境下运行有更高的安全裕度,降低变频器产生的 5,7 次谐波,并保证系统电流≤400 A 的情况下功率因数可达到 0.95 以上,消除电力调费罚款,同时争取部分电费奖励装置,可稳定运行。

95

6.2　某汽车配件厂电能质量改造案例

6.2.1　用户资料

某汽车配件有限公司有 3 150 kV·A 中频炉(6 脉冲)两台,中频炉谐波重,功率因数低,被电力罚款,10 kV 钢芯铝绞线(LGJ120)损毁严重。

6.2.2　用户一次系统图

用户一次系统图如图 6.6 所示。

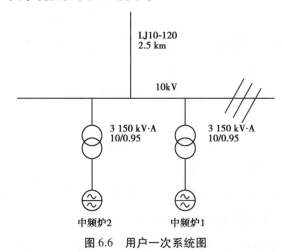

图 6.6　用户一次系统图

6.2.3　9 月 24—25 日测试资料

（1）中频炉 1

9 月 24—25 日中频炉 1 测试资料见表 6.2—表 6.4。

表 6.2　9 月 24—25 日中频炉 1 测试资料一

U_A/V	U_B/V	U_C/V	I_A	I_B	I_C
560.6	562.8	561.3	2 071.138	2 258.602	2 258.096
$\sum S$/(kV·A)	3 698.0		PF	0.748	

表 6.3　9 月 24—25 日中频炉 1 测试资料二

HRU/%	HRI/%
32.6	25.9

表 6.4　9 月 24—25 日中频炉 1 测试资料三

n	I_n/A	n	I_n/A	n	I_n/A
2	56.23	22	21.58	42	5.37
3	15.90	23	30.25	43	13.02
4	21.33	24	23.77	44	5.46
5	408.95	25	28.11	45	5.84
6	10.29	26	20.20	46	6.38
7	203.01	27	7.92	47	10.86
8	27.42	28	6.83	48	6.01
9	12.15	29	17.27	49	11.18
10	27.87	30	5.87	50	5.22
11	106.48	31	15.96	51	6.73
12	8.80	32	5.58	52	5.09
13	84.00	33	12.87	53	7.55
14	18.06	34	5.32	54	4.84
15	9.54	35	12.85	55	8.50
16	16.46	36	4.68	56	4.40
17	33.09	37	12.87	57	6.18
18	10.97	38	4.95	58	4.30
19	39.12	39	5.72	59	7.82
20	24.40	40	5.88	60	4.61
21	19.62	41	13.05		

以上参数均为测试参数的平均值。

（2）中频炉 2

9 月 24—25 日中频炉 2 测试资料见表 6.5—表 6.7。

表 6.5　9 月 24—25 日中频炉 2 测试资料一

U_A/V	U_B/V	U_C/V	I_A	I_B	I_C
547.1	549.9	547.9	1 839.655	2 086.807	1 999.357
$\sum S$/(kV·A)	3 247.3		功率因数	0.806	

表 6.6　9 月 24—25 日中频炉 2 测试资料二

HRU/%	HRI/%
30.4	24.9

表 6.7　9 月 24—25 日中频炉 2 测试资料三

n	I_n/A	n	I_n/A	n	I_n/A
2	9.15	16	3.91	30	4.63
3	11.77	17	29.61	31	16.62
4	11.05	18	4.61	32	4.30
5	344.57	19	31.63	33	12.50
6	6.44	20	6.12	34	3.43
7	224.84	21	31.65	35	11.07
8	7.22	22	14.49	36	2.90
9	8.29	23	57.74	37	12.50
10	6.17	24	22.47	38	3.81
11	95.98	25	33.52	39	6.00
12	6.39	26	15.85	40	4.06
13	96.28	27	14.34	41	10.10
14	5.62	28	6.17	42	3.81
15	9.22	29	17.27	43	13.88

n	I_n / A	n	I_n / A	n	I_n / A
44	7.57	50	6.52	56	3.13
45	10.72	51	4.91	57	5.83
46	7.08	52	4.83	58	2.51
47	10.76	53	6.06	59	6.11
48	5.29	54	3.04	60	3.47
49	12.38	55	7.82		

以上参数均为测试参数的平均值。

6.2.4　10 kV PCC 考核点系统短路容量

经实测用户现场资料,分析得出:10 kV PCC 考核点系统短路容量 17~20 MV·A,10 kV 母线短路容量运行区间按 10 V·A~50 MV·A 校核。

6.2.5　执行标准

GB/T 14549—1993　《电能质量　公共电网谐波》

GB 50227—2017　《并联电容器装置设计规范》

GB/T 12747.1—2017/IEC 60831-1:2014

　　　　　　　《标称电压 1 000 V 及以下交流电力系统用
　　　　　　　自愈式并联电容器　第 1 部分:总则　性能、
　　　　　　　试验和定额　安全要求　安装和运行导则》

GB/T 12747.2—2017/IEC 60831-2:2014

　　　　　　　《标称电压 1 000 V 及以下交流电力系统
　　　　　　　用自愈式并联电容器　第 2 部分:老化试

验、自愈性试验和破坏试验》

JB/T 5346—2014 《高压并联电容器用串联电抗器》

参考手册 《钢铁企业电力设计手册》

6.2.6 方案目标

①在变压器 10 kV PCC 考核点月均功率因数达 0.9 以上,免除电力罚款。

②0.95 kV PCC 考核点谐波电压畸变率小于 5%。

③不出现严重谐振放大;滤除大部分谐波,降低线路负荷和损毁、降低变压器负荷和损毁;降低原有负荷,使炼钢和轧钢能同时进行。

6.2.7 谐波分析

①中频炉是谐波源,两台中频炉谐波电流换算到 10 kV 两个谐波源叠加的谐波电流发生曲线如图 6.7 所示。

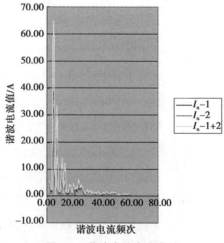

图 6.7 谐波电流发生曲线

②系统短路容量小,导致谐波电压畸变率高。

中频炉谐波电压畸变率高,测试值见表 6.8、表 6.9。

表 6.8　中频炉 1 谐波电压畸变率

$HRU/\%$	$HRI/\%$
32.6	25.9

表 6.9　中频炉 2 谐波电压畸变率

$HRU/\%$	$HRI/\%$
30.4	24.9

中频炉 1 和中频炉 2 的谐波电流畸变率分别为 25.9% 和 24.9%,但谐波电压畸变率均在 30% 以上。这是系统短路容量过小的原因所致。经测试资料分析:0.95 kV 的系统短路容量为 12 ~ 13.3 MV·A,换算到 10 kV 侧系统短路容量为 17 ~ 20 MV·A。10 kV 基准短路容量为 100 MV·A,现在实际短路容量只有基准短路容量的 20% 左右。谐波电压过高,对电气设备、线路的危害更加严重。

101

6.2.8　谐波的危害

①对中频炉变压器和其他电气设备危害严重,变压器啸叫、震动、发热严重,甚至损毁变压器。

②对 10 kV 架空钢芯铝绞线(LGJ120)危害严重,两台中频炉工作时 10 kV 架空钢芯铝绞线(LGJ120)的电压降、损耗见表 6.10。

表 6.10　电压降、损耗

U_1/V	426.25
U_n/V	514.85
$\Delta S_1/(kV·A)$	168.91
$\Delta S_n/(kV·A)$	20.15

谐波电压降高于基波电压降,谐波严重,趋肤效应突出,导线有效截面积降低,损耗、发热更加严重。加之钢芯铝绞线截面积小,使用负荷高于钢芯铝绞线容许的电流加剧了钢芯铝绞线的损耗和损毁。

6.3 某商场 1 000 kV·A 变压器滤波补偿方案

6.3.1 用户资料

①设计院对某商场用户进行设计,按 80% 实际负荷率选用 1 000 kV·A 变压器,自然功率因数为 0.75~0.8。

②谐波状态。民用电网的谐波状态有两种类型:一类是基本没有变频类,负荷以 3 次谐波为主的谐波特性,见表 6.11;另一类是变频类,负荷与其他民用负荷并重以 3,5,7 次谐波为主的谐波特性,见表 6.12。

表 6.11 负荷以 3 次谐波为主的谐波特性

n	谐波电流畸变率
3	0.105
5	0.02
7	0.012
9	0.01
11	0.008
13	0.002
15	0.005
17	0.006
19	0.006

续表

n	谐波电流畸变率
21	0.001
23	0.001
25	0.002

表 6.12　负荷与其他民用负荷并重以

3,5,7 次谐波为主的谐波特性

n	谐波电流畸变率
3	0.058
5	0.067
7	0.055
9	0.028
11	0.057
13	0.039
15	0.011
17	0.017
19	0.031
21	0.01
23	0.01
25	0.013

现不清楚用户的负荷特性,暂按第一类谐波特性配置。

6.3.2　一次系统图

一次系统图如图 6.8 所示。

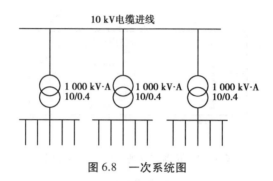

图 6.8 一次系统图

6.3.3 10 kV PCC 考核点系统短路容量

10 kV PCC 考核点系统短路容量按 10 kV 基准短路容量 100 MV · A 计,运行区间为 50~250 MV · A。

6.3.4 执行标准

GB/T 14549—1993　　《电能质量　公共电网谐波》

GB 50227—2017　　《并联电容器装置设计规范》

GB/T 12747—2004　　《自愈式低电压并联电容器》

JB/T 5346—2014　　《高压并联电容器用串联电抗器》

GB/T 12747.1—2017/IEC 60831-1:2014

　　　　　　　《标称电压 1 000 V 及以下交流电力系
　　　　　　　统用自愈式并联电容器　第 1 部分:总
　　　　　　　则　性能、试验和定额　安全要求
　　　　　　　安装和运行导则》

GB/T 12747.2—2017/IEC 60831-2:2014

　　　　　　　《标称电压 1 000 V 及以下交流电力系

	统用自愈式并联电容器　第 2 部分:老化试验、自愈性试验和破坏试验》
参考手册	《钢铁企业电力设计手册》

6.3.5　方案目标

①在变压器 10 kV 侧 PCC 考核点月均功率因数达 0.9 以上,免除电力罚款。

②0.38 kV PCC 考核点谐波电压畸变率小于 5%。

③不出现严重谐振放大。

6.3.6　项目背景分析

①谐波分析。民用电网第一类谐波特性以 3 次谐波为主,按负荷率 80%计,此时谐波电流发生曲线如图 6.9 所示。

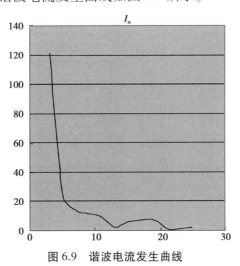

图 6.9　谐波电流发生曲线

按 GB/T 14549—1993《电能质量　公用电网谐波》标称值,0.38 kV 系统短路容量按 10 MV·A 限值考核,3 次谐波电流不合格,见表 6.13、表 6.14。

表 6.13　0.38 kV 系统短路容量考核表一

n	I_n	限值/A	评判
3	121.24	62	×
5	23.09	62	√
7	13.86	44	√
9	11.55	21	√
11	9.24	28	√
13	2.31	24	√
15	5.77	12	√
17	6.93	18	√
19	6.93	16	√
21	1.15	8.9	√
23	1.15	14	√
25	2.31	12	√

表 6.14　0.38 kV 系统短路容量考核表二

n	U_n	限值	评判
3	0.021	0.04	√
5	0.006	0.04	√
7	0.005	0.04	√
9	0.006	0.04	√
11	0.005	0.04	√
13	0.002	0.04	√
15	0.004	0.04	√
17	0.006	0.04	√
19	0.007	0.04	√
21	0.001	0.04	√
23	0.001	0.04	√
25	0.003	0.04	√
TDHu	0.026	0.05	√

②谐波的危害。同 6.2.8 小节。

③民用电网三相负荷不平衡和 3 次谐波的危害。民用电网中普遍存在 3 次谐波,加之单相负载比例较大,三相负荷不平衡严重,中线(零线)电流——3 次谐波电流较重,传统的低压补偿装置更是放大了 3 次谐波电流,放大了中线(零线)电流,甚至有可能超过相电流,这种现象还未被大家认识。传统的低压配电装置中线排配置只有相线排的 50%,当被放大的中线(零线)电流足够大时,中线排被损坏或因震动而连接断开,造成该线路的相电压升为线电压,而损坏民用电器,这种现象时有发生。民用配电中线路因绝缘老化引起的火灾也时有发生。

6.3.7　滤波补偿方案

(1)滤波补偿方案主要参数

按输配电电网全电流、全电压现状和滤波补偿装置的全电流、全电压技术,1 000 kV·A 变压器,负荷率为 80%,功率因数从 0.75 提高到 0.92 需有效补偿容量 274 kvar,见表 6.15。

表 6.15　滤波补偿方案主要参数

通道	电容器安装容量/kvar	基波有效补偿容量/kvar	谐波治理容量/kvar	通道数
H5	60	40	20	7
合计	420	280	140	7

滤波补偿装置为 TLB 0.4-420/H3 滤波补偿装置。

3 次谐波必须采用有 3 次谐波磁回路的铁芯电抗器才有良好的滤波效果。

（2）TLB 0.4-420/H3 滤波补偿装置一次原理图

TLB 0.4-420/H3 滤波补偿装置一次原理图如图 6.10 所示。

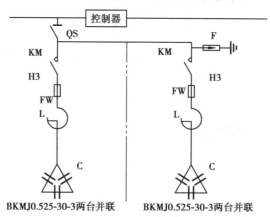

图 6.10　TLB0.4-420/H3 滤波补偿装置一次原理图

（3）TLB 0.4-420/H3 滤波补偿装置投运后,计算机仿真

①原谐波源注入母线的谐波电流、谐波电压、负荷和功率因数变化见表 6.16。

表 6.16　谐波电流、谐波电压、负荷和功率因数变化表

原视在功率 /(kV·A)	原功率因数	投入补偿	功率因数变化	视在功率变动/(kV·A)	视在功率变动率/%
1 000	0.82	全投	0.122	129.44	12.944
900	0.81	全投	0.137	130.04	14.449

原视在功率 /(kV·A)	原功率 因数	投入补偿	功率因数 变化	视在功率变 动/(kV·A)	视在功率 变动率/%
800	0.80	全投	0.154	129.48	16.185
700	0.79	全投	0.175	127.23	18.176
600	0.78	全投	0.200	122.36	20.394
500	0.77	全投	0.225	113.03	22.606
400	0.76	切 1 组 H3-60	0.238	95.34	23.836
300	0.74	切 2 组 H3-60	0.260	77.99	25.998
200	0.72	投 3 组 H3-60	0.272	54.78	27.389
100	0.69	投 1 组 H3-60	0.215	23.78	23.780
800	0.95	投切 1 组 H3-60	0.014	11.57	1.447

从表 6.16 得知:TLB 0.4-420/H3 滤波补偿装置投运后,不同负荷、功率因数下,功率因数提高 0.12~0.27, 视在功率下降 23~130 kV·A, 视在功率下降率为 13%~27%。

在负荷 800 kV·A,0.95 功率因数运行时,投切 1 组 H3-60 功率因数变化 0.014,补偿精度较高。

按 10 kV 系统基准短路容量 100 MV·A 计, TLB 0.4-420/H3 滤波补偿装置投运后,限值按 0.38 kV 基准短路容量 10 MV·A 计,滤波后母线谐波电流变化为 0.38 kV 母线的谐波电流评估见表 6.17。

表 6.17　0.38 kV 母线的谐波电流评估

n	I_s/A	限值/A	评估
3	59.77	62	√
5	19.26	62	√
7	11.93	44	√
9	10.05	21	√

续表

n	I_s/A	限值/A	评估
11	8.08	28	√
13	2.02	24	√
15	5.07	12	√
17	6.09	18	√
19	6.10	16	√
21	1.01	8.9	√
23	1.01	14	√
25	2.03	12	√

滤波补偿装置投运后,0.38 kV 母线的谐波电流全部合格。

滤波后母线谐波电流按 0.38 kV 系统基准短路容量 10 MV·A 计的系统参数谐波电压变化见表 6.18。

表 6.18　谐波电压变化表

n	U_{sn}	限值	评估
3	0.007	0.04	√
5	0.004	0.04	√
7	0.004	0.04	√
9	0.004	0.04	√
11	0.004	0.04	√
13	0.001	0.04	√
15	0.003	0.04	√
17	0.005	0.04	√
19	0.005	0.04	√
21	0.001	0.04	√
23	0.001	0.04	√
25	0.002	0.04	√
DFU	0.013	0.05	√

TLB 0.4-420/H3 滤波补偿装置投运后,月均功率因数在 0.9 以上,免除了电力罚款。原谐波源注入母线谐波电流、谐波电压,按基准短路容量 10 MV·A 限值考核合格,实现了项目目标。

②在 0.38 kV 系统短路容量为 1～20 MV·A 时的并联谐振频次计算机仿真曲线如图 6.11 所示。

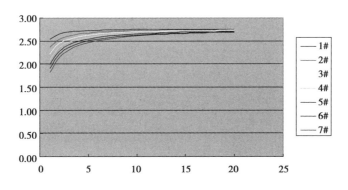

图 6.11　并联谐振频次计算机仿真曲线

从以上曲线可知,补偿设备投入组数见表 6.19。

表 6.19　补偿设备投入组数

	投入组数
1#	H3-60—共 1 组
2#	H3-60—共 2 组
3#	H3-60—共 3 组
4#	H3-60—共 4 组
5#	H3-60—共 5 组
6#	H3-60—共 6 组
7#	H3-60—共 7 组

当投入 1#,0.38 kV 系统短路容量为 1～20 MV·A 时,并联谐振频次为 2.54～2.76 次,是安全的;

当投入 2#,0.38 kV 系统短路容量为 1~20 MV·A 时,并联谐振频次为 2.36~2.75 次,是安全的;

……

当投入 6#,0.38 kV 系统短路容量为 1~20 MV·A 时,并联谐振频次为 1.90~2.70 次,是安全的;

当投入 7#,0.38 kV 系统短路容量为 1~20 MV·A 时,并联谐振频次为 1.82~2.69 次,是安全的。

系统短路容量对安全校核十分重要,项目进行施工设计阶段时,必须落实系统短路容量。

③滤波补偿通道安全校核。按 10 kV 系统基准短路容量为 100 MV·A,变压器为额定容量校核。

a.电容器。3 次滤波补偿通道参数校核见表 6.20。

表 6.20 3 次滤波补偿通道参数校核

n	电容器		
	I	U/kV	$Q_c/kvar$
l	57.780	0.265	15.335
I_n/U_n	9.050	0.024	0.213
综合值	58.484	0.289	15.547
额定值	65.980	0.303	20.000
比值	0.886	0.953	0.777

经校核,比值均在 0.777~0.953,电容器电压和电流分别有 10% 和 30% 的允差,余量是足够的。

b.电抗器。补偿通道参数校核中,补偿装置的专用元件——电抗器电压校核十分重要,全电压与基波电压的比值见表 6.21。

表 6.21　全电压与基波电压的比值

名称	H3
谐波电压	23.17
基波电压	34.49
全电压	57.66
全电压/基波电压	1.67

这要求电抗器的端子电压的额定电压为全电压,而不是基波电压。其生产、检测条件是在基波条件下,使用是在基波电压+谐波电压的全电压环境中。

本方案针对用户提供的参数,按"滤波补偿装置的全电流、全电压技术"和长期运行经验进行了谐波特性、滤波补偿计算,并对方案安全运行进行了计算机仿真。从以上各表分析数据可知,本方案的补偿装置参数是合理的,提高了功率因数,滤除了大部分谐波,降低了谐波电压,有利于其他电气设备安全运行,实现了方案各项目标。电容器、电抗器在现场工况下可安全运行, 本方案是可行的。

6.4　某合金厂电能质量改造方案

6.4.1　现场概述

某合金厂经现场评估,用户主要生产负荷为 4 台钎焊炉,且为主要谐波源。该配电系统有一台 1 250 kV·A 变压器,变压器下面有集中补偿装置,共两面补偿柜,采用 450 V 单体电容,接触器投切,总容量为 200 kvar。

原无功补偿装置存在以下问题:

①部分电容器损坏,无法正常使用,且有内容物泄漏及炸毁现象。

②部分投切开关损坏,补偿投切失去控制。

③补偿未设计对现场谐波进行相应治理的措施。

④纯电容补偿放大了系统谐波,增加了系统运行的不稳定因素。

6.4.2　测试点位

经现场初步评估,影响电能质量的负载为 4 台钎焊炉,本次测试主要收集钎焊炉的负荷特性,分析其存在的问题,以及得出完善的解决办法。4 台钎焊炉测试时段有两台正常运行,分别对两台钎焊炉负荷特性进行测试,测试点位如图 6.12 所示。

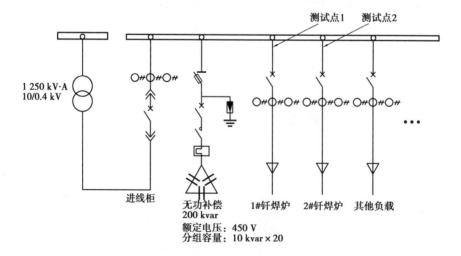

图 6.12　测试点位

6.4.3　测试数据

（1）测试点 1

测试点 1 的数据如图 6.13—图 6.17 所示。

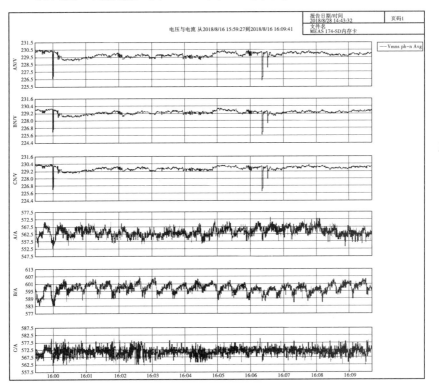

图 6.13　电流、电压曲线图

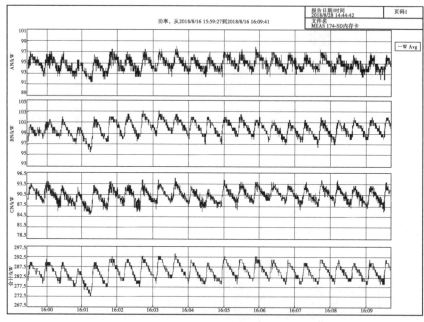

图 6.14　有功功率曲线图

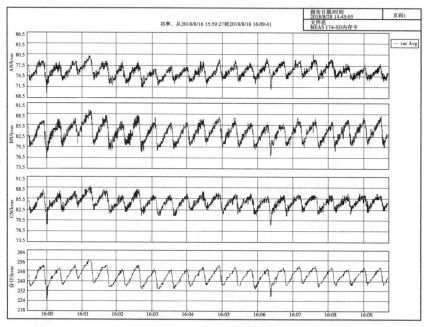

图 6.15　无功功率曲线图

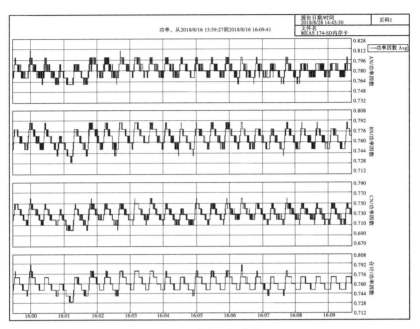

图 6.16 功率因数曲线图

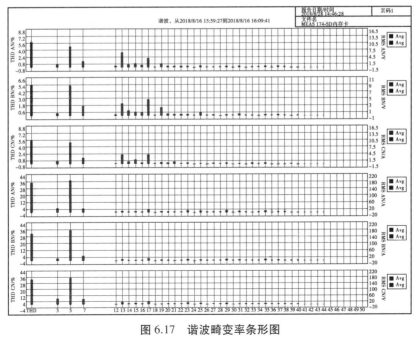

图 6.17 谐波畸变率条形图

(2) 测试点 2

测试点 2 的数据如图 6.18—图 6.22 所示。

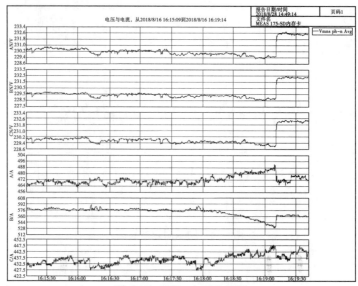

图 6.18　电流、电压曲线图

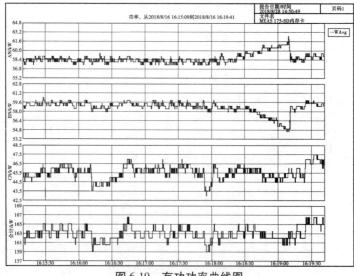

图 6.19　有功功率曲线图

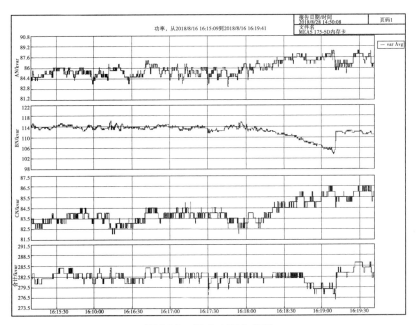

图 6.20　无功功率曲线图

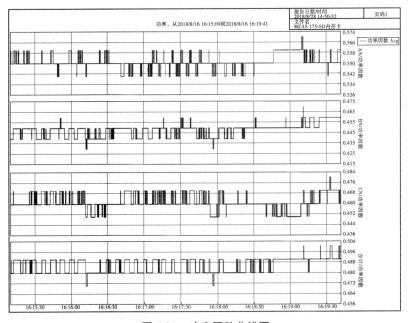

图 6.21　功率因数曲线图

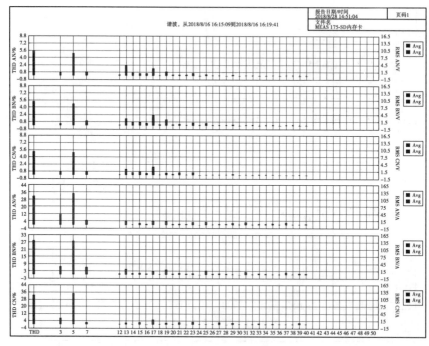

图 6.22 谐波畸变率条形图

6.4.4 数据汇总

数据汇总见表 6.22。

表 6.22 数据汇总表

测试项目 测试点	电压 /V	电流 /A	有功功率 /kW	无功功率 /kvar	功率 因数	电压畸 变率/%	电流畸 变率/%
测试点 1	229	560	280	240	0.78	5.6	32
测试点 2	229	460	160	280	0.49	5.6	31

6.4.5   数据分析

分别测试两台钎焊炉数据并作对比分析,两台设备因工作状态不同,数据存在一定的差异,但主要参数差别不大,单台运行电流在 420~600 A 波动,波动比较频繁,且单台设备功率因数为 0.47~0.78。单台设备谐波电流畸变率在 28%~35% 波动,谐波电流畸变严重,电压畸变率为 5.6%,超出国家标准,结合用户现场频繁出现的电容损坏、鼓肚以及补偿支路线缆烧毁现象,可以确定谐波已经对用户造成了一定影响。

测试点原补偿装置均采用单体电容,无电抗器形式。单体电容对谐波起放大作用,谐波流经补偿装置后存在被放大的现象,较大的谐波电流流经电容器,会使电容器发热,加重电容器介质损耗,导致电容器鼓肚、漏液甚至爆炸。

由于单体电容的谐波放大作用,谐波电流加上基波电流在电容器上产生的全电压可能超过 450 V,原有 450 V 额定电压的电容器将长期处于过载状态,且补偿柜内散热条件差,将缩短电容器使用寿命。

部分接触器等触点开关对谐波电流的分段能力较弱,长期在谐波环境下投切,易出现拉弧、触点粘连等现象。

现有无功补偿装置参数配置不当,缩短了电容器及配套元器件的使用寿命,存在较大的安全隐患,应尽快对其进行整改,避免发生安全事故。

6.4.6   现场建议

针对单台设备谐波较重的情况,推荐使用滤波补偿装置。无功功率补偿在电力供电系统中起提高电网功率因数的作用,可降低供电变压器及输送线路的损耗,提高供电效率,改善供电环境。无功功率补偿装置在电力供电系统中处于非常重要的位置,而在现代谐波复杂的各类工况下,要求滤波与补偿同时实现,滤波补偿装置应运而生,其主要具备以下特点:

①降低线路损耗和变压器损耗,减少相关费用支出(电费、维护费)。

②降低系统运行电流,减少电缆线发热现象,提高电能有效利用率。

③达到国家功率因数标准,免除电力罚款甚至获得电费奖励。

④释放变压器空间,增加变压器载负荷量。

6.4.7　补偿方案

(1)方案一

针对4台设备做就地滤波补偿柜,每面柜子安装容量为320 kvar,共4面柜子,总补偿容量为1 280 kvar。

单台装置一次原理图如图6.23所示。

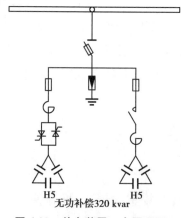

无功补偿320 kvar

图 6.23　单台装置一次原理图

参数配置见表6.23。

表 6.23　参数配置

滤波通道	安装容量/kvar	补偿容量/kvar	谐波治理容量/kvar	备注
H5-1	20	11.6	8.4	2 组
H5-2	40	23.2	16.8	1 组
H5-3	80	46.4	33.6	3 组
合计	320	185.6	134.4	共 4 面补偿柜

　　方案特点:采用动静结合阶梯式投切的补偿方式以及提高元件各项参数来解决钎焊炉补偿问题。

　　动静结合将动态无功补偿和静态无功补偿的优点相融合,且采用阶梯式投切可减少分组路数,从而节省费用,减少故障点,保证单台设备功率因数在 0.92 以上,元件参数按照"全电流、全电压"选取,基波参数满足原装置运行状态下的功率因数需求,加强谐波设计,考虑装置在较重谐波环境下的长期安全稳定运行。

(2)方案二

　　针对 4 台设备做集中滤波补偿柜,共 3 面补偿柜,总补偿容量为 1 200 kvar,如图 6.24 所示。

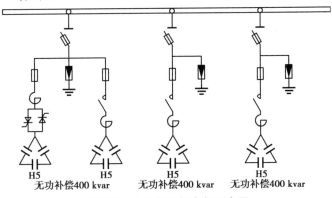

H5
无功补偿 400 kvar　　H5
无功补偿 400 kvar　　H5
无功补偿 400 kvar

图 6.24　集中补偿柜电气示意图

参数配置见表 6.24。

表 6.24 参数配置

滤波通道	安装容量/kvar	补偿容量/kvar	谐波治理容量/kvar	备注
H5-1	20	11.6	8.4	2 组
H5-2	40	23.2	16.8	1 组
H5-3	80	46.4	33.6	14 组
合计	1 200	649.6	550.4	共 3 面补偿柜

方案一与方案二的区别:方案一针对每台设备就地滤波补偿,从源头抑制滤除谐波,吸收设备产生的感性无功,减少视在电流在线路中的损耗,减少设备之间的相互干扰,但补偿相对分散,不利于集中管理。方案二滤波补偿效果相对方案一要差一些,无法从源头消除谐波、吸收无功,但可以起到一个集中治理的作用,同时也能满足用户 4 台中任意几台启动的无功需求。

6.5 某生物有限公司电能质量改造方案

6.5.1 现场概述

经现场人员勘察反馈,测试用户现场 1#、2#共计两台变压器进线柜,每台变压器下面都设有集中补偿装置。补偿元件采用 0.48 kV 电力电容器串 7%电抗率电抗器,复合开关投切(米基德 MCDF-80GK),根据各变压器容量和线路负荷情况,所属集中补偿装置补偿分组和容量设置相同。

(1) 现场数据汇总表

现场数据汇总见表6.25。

表 6.25　现场数据汇总表

检测点	变压器	原柜补偿配置及投入情况	电容器额定电压/kV	电抗率/%	投切开关	cos φ	负荷电流/A	柜体尺寸(宽×深×高)
1	1#变 2 500 kV·A	主:50 kvar×7路 辅:50 kvar×7路 投7路约输出261 kvar	0.48	7	复合开关	0.92	1 375	1 000 mm× 1 000 mm× 2 200 mm
2	2#变 2 500 kV·A	主:50 kvar×7路 辅:50 kvar×7路 投4路约输出150 kvar	0.48	7	复合开关	0.93	686	1 000 mm× 1 000 mm× 2 200 mm

(2) 原无功补偿装置存在的问题

①电容分组较大(50 kvar 分组超过复合开关厂家要求分组容量);复合开关投切,可控硅模块容量较低(米基德 MCDF-80GK),无法承受过零不准造成的过大短时电流冲击;反向耐压只有较小限值,过零不准时易与电容器残压叠加造成过电压。

②原自愈式电容器抗浪涌冲击能力差,额定电压为 0.48 kV,未考虑特殊情形(过电压)下电容器电压耐受水平;安全裕量及性能较低,易出现过热、鼓包,甚至爆炸。

③未考虑电抗器发热对电缆绝缘强度及载流量的影响,电气安

全间隙不够。

④现场走线不规范,一、二次回路有交叉。

6.5.2 现场图片

现场图片如图 6.25—图 6.29 所示。

图 6.25 柜内布置

图 6.26 电抗器铭牌

图 6.27 复合开关型号

图 6.28 1#变烧损复合开关

图 6.29　2#变烧损复合开关

用户现有无功补偿装置元件选配不当,缩短了投切开关及电容、电抗的使用寿命,且存在严重的安全隐患,应尽快对其进行整改,避免电气安全事故的发生。

6.5.3　现场建议

通过对用户现场进行调研,针对现场勘察结果及测试数据,推荐使用定制化滤波补偿装置,实现以下方案目标:

①优化补偿分组及投切开关裕量选型,提高用电设备安全和使用寿命。

②采用晶闸管投切电容器装置。

③采用晶闸管+接触器动静结合方式,接触器响应基础无功,晶闸管快速响应无功波动。

④提升电容器电压等级,提高滤波补偿装置对谐波及浪涌冲击的抑制能力。

⑤消除滤波补偿装置的安全隐患,杜绝原有电气事故发生。

⑥优化补偿一、二次走线,提高安全电气间隙,保障运行可靠性。

方案配置见表6.26。

表 6.26 方案配置表(考虑后期变压接近满载负荷率)

位置	改造容量/kvar	投切方式	滤波方式	装置
1#变 2 500 kV · A(10/0.4)	主:H5－60×5＋H5－60×3 辅:H5－60×5＋H5－60×3	晶闸管＋接触器(裕量选型)	单调谐(无源)	动静结合
2#变 2 500 kV · A(10/0.4)	主:H5－60×5＋H5－60×3 辅:H5－60×5＋H5－60×3	晶闸管＋接触器(裕量选型)	单调谐(无源)	动静结合

6.5.4 参考标准

GB/T 14549—1993   《电能质量　公用电网谐波》

GB 50227—2017   《并联电容器装置设计规范》

GB 50052—2009   《供配电系统设计规范》

JB/T 7115—2011   《低压电动机就地无功补偿装置》

GB 7251.1—2013/IEC 61439-1:2011

《低压成套开关设备和控制设备　第1部分:总则》

GB/T 15576—2020   《低压成套无功功率补偿装置》

JB/T 10695—2007   《低压无功功率动态补偿装置》

GB/T 12747.1—2017/IEC 60831-1:2014

　　　　　《标称电压 1 000 V 及以下交流电力系
　　　　统用自愈式并联电容器　第 1 部分:总
　　　　则　性能、试验和定额　安全要求
　　　　安装和运行导则》

GB/T 12747.2—2017/IEC 60831-2:2014

　　　　　《标称电压 1 000 V 及以下交流电力系
　　　　统用自愈式并联电容器　第 2 部分:老
　　　　化试验、自愈性试验和破坏试验》

参考手册　　　　　《钢铁企业电力设计手册》

参考文献

［1］肖湘宁.电能质量分析与控制［M］.北京:中国电力出版社,2010.

［2］翁国庆.现代电能质量检测、分析与控制技术［M］.北京:机械工业出版社,2017.

［3］国网江苏省电力公司电力科学研究院.电能质量高级分析及应用［M］.北京:中国电力出版社,2017.

［4］程浩忠,周荔丹,王丰华.电能质量［M］.2 版.北京:清华大学出版社,2017.